지휘상담
그 기초와 실제

김정기, 남기봉, 정재극 공저

도서출판 진영사

지휘상담

그 기초와 실제

김정기, 남기봉, 정재극 공저

2008년 8월 30일 초판 인쇄
2016년 8월 31일 개정판 발행
2018년 8월 25일 개정판 2쇄 발행
2020년 3월 11일 개정판 3쇄 발행
2025년 8월 25일 개정2판 발행

발행인 박진영
발행처 도서출판 진영사
인천광역시 부평구 주부토로 236(갈산동 94) 인천테크노밸리U1 지식산업센터 B동 1507호
TEL : 032)505-4207
FAX : 032)505-4206
e-mail 0183734207@hanmail.net

ISBN 978-89-6541-715-6 93390
값 18,000원

머리말

대한민국에서 태어난 건강한 청년은 누구나 군복무를 하게 됩니다.

가정을 떠나서 타지에서 다양한 성격의 사람들과 생활하면서 사랑하는 가족들과 이별해야 하는 시간들은 현재 세대적인 특성을 고려하지 않는다 할지라도 매우 힘든 시기입니다.

최근 대한민국 사회는 정형화된 입시위주의 교육으로 학급내 친구를 경쟁자로 인식하는 환경 속에서 존중과 배려보다는 좋은 성적을 받기 위하여 경쟁해야 하는 관계로 인식하여 친밀관계가 떨어지게 되는 현상을 보이고 있습니다. 경제적 풍요로움 속에서 자라난 입대 장병의 특징은 유행을 주도하고 소비를 적극적으로 주도하면서 개성을 표현하려는 모습을 보이고 있는데 이러한 개성을 규율과 질서를 중시하는 군복무로 인하여 표현하지 못하면서 스트레스 요인으로 작용하고 있습니다. 따라서 신세대 장병들이 군조직의 특수한 상황과 병영생활에 적응하지 못하고 이러한 현상에 군의 간부들이 적시 적절한 조치를 취하지 못한다면 SNS의 발달과 더불어 사고로 연결되어 사회에 큰 파장을 초래하게 될 수 있습니다.

2023년 통계에 의하면 10만 명당 자살로 인한 사망자는 27.3명이고 1일 평균 37,7명으로 OECD 국가 중 자살에 의한 사망률 1위를 나타내고 있으며 시대가 발달할수록 점점 증가할 것으로 예상됩니다.

군은 오랜 기간 동안 전투준비와 교육훈련, 군 인성관리 시스템 등 병력관리 시스템을 비약적으로 발전시킨 결과 과거에 비하여 각종 사건사고에 의한 사망자가 획기적으로 감소하였다. 그러나 아직도 연간 100여 명의 사망사고가 발생하고 있으면서 이 중 자살사망자가 70~80%를 차지하고 있다. 이러한 자살은 사전에 80%가 징후를 나타내고 있는데 군 간부들이 보다 예리한 판단력과 주도면밀한 업무자세로 이러한 징후를 사전에 파악하여 전문가의 상담과 적절하고 과감한 지휘조치 등을 실시한다면 자살과 각종 군기 및 안전사고를 예방할 수 있으리라 판단됩니다.

부디 이 책이 군 간부로 임관할 국방과 군사를 전공하는 학생들에게 향후 부하들에 대한 효과적인 상담을 위한 밀알이 되어 효율적인 부대관리와 전투력 증강에 기여할 수 있기를 기대합니다. 이를 위해 필자도 시시각각 변화하는 시대에 지속적인 연구를 통하여 내용을 보완해 나가도록 하겠습니다.

끝으로 이 책이 나오기까지 애써주신 진영사 사장님과 관계자 여러분께 깊은 감사를 드립니다.

2025년 8월

연성대학교 도의관에서 편집자 일동

목 차

부 록

제1장

상담의 기본개념

상담의 정의 및 목표

1 일반적인 정의

상담(counseling)이란 라틴어의 counsulere에서 유래한 말로, '고려한다, 반성한다, 조언을 청한다, 상담을 한다'는 뜻이다. Counseling이 현재의 상담이란 의미로 최초로 쓰인 것은 1939년에 윌리엄슨(Williamson)이 집필한 『학생 상담의 방법』(How to Counsel Students)에서이다. 그는 이 책에서 "상담이란 적응과 문제해결을 위하여 치료적 수단을 취하는 것"으로 정의하였다.

우리나라의 경우에는 정원식과 박성수(1991)는 "도움을 필요로 하는 사람과 도움을 줄 수 있는 사람 사이의 개별적인 관계를 통하여 새로운 학습이 이루어지는 과정"으로, 이장호(2005)는 "내담자와 상담자와의 대면관계에서 생활과제의 해결과 사고, 행동 및 감정측면의 인간적 성장을 위해 노력하는 학습과정"으로 상담을 정의하였다.

이 외에도 상담의 정의에 대한 다양한 주장들이 있으나, 이러한 주장들을 종합하면 다음과 같이 정의될 수 있다. 즉 상담이란 "전문적 훈련을 받은 상담자가 전문적인 조력활동을 통하여 피상담자의 사고, 감정 및 행동의 변화를 촉진하고 문제해결과 인간적 성장을 돕는 과정"이다(김완일, 2006, 군상담의 이론과 실제, pp.13~14).

2 군상담(military counseling)의 정의

앞에서도 언급한 바와 같이 상담이란 도움을 필요로 하는 사람이 스스로 문제를 해결할 수 있도록 상담자가 전문적으로 도와주는 일련의 과정을 말한다. 반면 면담은 특별한 목적이나 주제 없이 단순히 만나 이야기하는 과정으로, 별 어려움 없이 진행할 수 있다. 또한 군에서 통용되는 상담이란 군대사회의 특수성 속에서 야기되는 구성원들의 갈등과 고민을 해결해 주기 위해 이루어지는 과정으로 이해된다. 이러한 군 상담은 지휘관(자)에 의해서 진행되는 지휘상담과 고충상담관에 의해 진행되는 고충상담 등이 있다.

본서에서는 군인이라는 특수성을 전제로 상급자와 부하 간의 상호작용으로 이루어지는 지휘상담을 '상담'이라는 용어로 정리하여 사용하기로 한다.

상담과 면담

상 담 Counseling	도움을 필요로 하는 사람이 스스로 문제를 해결할 수 있도록 서로 상의하는 과정
면 담 Interview	서로 얼굴을 보면서 어떤 문제에 대해 단순히 이야기를 나누는 것

지휘상담과 고충상담

지휘상담	상관인 지휘관(자)과 부하 간에 이루어지는 상담
고충상담	고충상담관으로 임명된 군종장교, 군의관, 병영생활전문상담관, 군종병 등에 의해 진행되는 상담

군상담이 무엇인가에 대한 정의를 살펴보면 먼저 육군 지휘통솔교범(육본, 2004)에서는 군상담을 "부하들의 심리적 갈등이나 애로사항 등에 대하여 지휘통솔자가 문제의 핵심을 파악하고 해결방안을 찾도록 도와주어 맡은바 임무를 효과적으로 수행해 나갈 수 있도록 하는 과정"으로 정의하고 있으며, 이 교범에서는 상담을 열 가지 지휘통솔 발휘요소중 하나로 간주하고 있다.

한편 육군보병학교 고군반 상담기법 교재(2004)에서는 군상담을 "다양한 문화여건에서 생활하고 있는 부하들 가운데 자신의 심리적 갈등이나 애로사항 때문에 능력을 보유하고도 맡은 바 업무를 효과적으로 수행해 나갈 수 없을 때 업무수행 등 근무능률을 향상시키기 위하여 지휘통솔자가 문제의 핵심을 파악하여 해결방안을 찾아 도와주는 과정"으로 기술하고 있다.

다음 군상담에 대한 일반학자들의 대표적인 견해를 살펴보면 이장호(2005)는 군상담이란 "국가방위라는 특수임무를 수행하고, 엄격한 위계질서 속에서 자유로운 사적생활의 제약을 받는 등의 특수성을 갖는 군대사회에서 야기되는 구성원들의 갈등과 고민을 해결해 주기 위하여 각 군의 교육기관 및 각급 부대에서 이루어지는 상담과정"으로 설명하고 있으며, 김완일(2006)은 군상담이란 "군에서 상담교육을 받은 상관이 부하에게 전문적인 조력 활동을 통해 부하로 하여금 스스로 문제해결을 하도록 돕는 과정"으로 정의하였다. 이상의 제반 군상담에 대한 정의를 분석해 보면 상담활동의 중점을 문제해결 및 사고예방, 갈등과 고민 해결로 국한시키고 있으며, 상담대상에 대한 인식도 주로 병사위주이고, 피상담자가 잠재적인 문제점을 가지고 있는 사람으로 인식하고 있는 등의 제한점을 보이고 있다. 따라서 근래의 군상담과 관련한 이론발전 추세를 보면 군상담의 목표를 군의 인적효율성 극대화와 개인의 잠재력 개발에 더 많은 비중을 두고 있으며, 군상담을 통해 문제해결과 사고예방은 물론 병영문화를 개선하는 역할도 수행해야 한다고 주장하고 있다. 참고로 미군 리더십교범(2006)에서는 상담의 중요한 두 가지 측면을 부하의 업무수행능력 향상과 잠재력개발로 정의하고 있다(김완일, 2008, 군상담 모형 탐색연구, 대한 군상담학회).

3 상담의 목표

상담의 목표는 부하가 호소하는 문제에 따라 다르다. 부하가 갖고 있는 문제에 실질적으로 부합되지 않는다면, "그건 누가 몰라. 나도 그런 말을 할 수 있어"라는 인식을 심어주게 된다. 또한 명확한 목적 없이 순간순간의 화제에 따라 상담이 진행될 경우 소모적인 노력 낭비만 초래하게 된다. 이러한 점에 유념하여 일반적으로 지휘관(자)이 상담을 하는 목적을 살펴보면 크게 3가지로 구분할 수 있다.

가. 부대 전입병사의 조기 적응

지휘관(자)은 전입병사가 자대에 도착한 후 새로 적응할 부대와 선임병들에 대한 막연한 두려움으로 인하여 심리적으로 불안한 상태를 고려하여 가능한 빠른 시간 내에 상담을 실시해야 한다. 그 부하가 갖고 있는 문제와 관심사항을 파악하고, 부대의 임무와 특성, 지휘관(자)으로서 바라는 것들을 알려 주어야 한다. 특히 전입병사로 하여금 '지휘관(자)이 나에게 진심으로 관심을 가지고 있다'는 인식을 갖도록 해야 한다.

나. 부하 개인의 고민 해결

부하들의 고민은 개인 신상문제(건강, 가정, 장래문제 등), 선임병과의 갈등, 그리고 이성문제 등 여러 가지 유형이 있다. 지휘관(자)은 다양한 경로를 통하여 부하의 고민사항을 파악하는 데 노력해야 한다. 만약 부하의 고민사항을 인지했다면 가능한 한 신속하게 상담을 실시해야 한다. 부하 스스로 문제점이 무엇인가를 정확히 알게 해주고, 단기간에 해결할 수 있도록 해야 한다. 이때는 지휘관(자)이 부하의 심정을 충분히 이해하고 있다는 공감과 비밀보장에 대한 신뢰감을 전달하는 것이 중요하다.

다. 임무수행 과정상 나타나는 문제 해결

맡은 임무를 수준 이하로 수행하는 부하의 경우 지휘관(자)은 그 근본적인 원인과 문제점을 파악하기 위해 상담을 해야 한다. 임무수행 과정에서 나타나는 부하의 문제점을 정확히 파악한 후 적절한 조치, 예를 들면 직책이나 주특기가 적성에 맞지 않았을 경우에는 보직이나 주특기를 조정해 주고, 체력적으로 훈련을 감당하기가 힘든 경우에는 체력 향상 프로그램을 적용하는 등 문제 해결을 위한 조치를 반드시 취해야 한다.

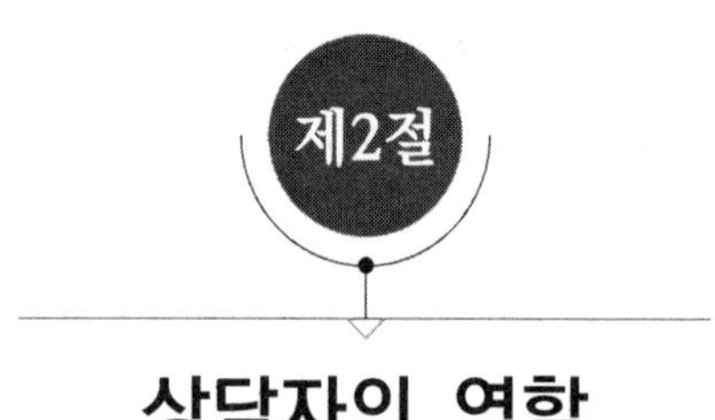

제2절 상담자의 역할

1 지휘관(자)의 책임

상담은 모든 지휘관(자)의 기본적 책임이며 부대관리의 중요한 부분을 차지한다. 만약 지휘관(자)이 상담을 소홀히 한다면 이는 본인의 책임을 다하지 못하는 것이다. 부하들은 자신의 능력에 대해 제대로 평가받기를 기대하며 지휘관(자)으로부터 도움과 지도를 받을 권리가 있다. 지휘관(자)은 부하가 복무에 전념할 수 있도록 항상 부하의 신상에 관심을 가져야 하고, 만약 부하에게 애로사항이나 고민거리가 생겼을 경우, 이를 해결하기 위해 적극 노력해야 한다.

이를 위해 군인의 지위 및 복무에 관한 기본법에 아래와 같이 고충 처리와 전문상담관에 관한 조항을 마련하여 법적으로 이를 보장하고 있다.

제40조(고충 처리) ① 군인은 근무여건 · 인사관리 및 신상문제 등에 관하여 군인고충심사위원회에 고충의 심사를 청구할 수 있다.

② 군인은 제1항에 따른 고충심사 청구를 이유로 불이익한 처분이나 대우를 받지 아니한다.

③ 제1항에 따라 청구된 고충을 심사하기 위하여 국방부, 각 군 본부 및 장성급(將星級) 지휘관(장성급 지휘관 직위가 군무원 직위로 전환된 경우를 포함한다. 이하 이 조에서 같다)이 지휘하는 부대에 군인고충심사위원회를 둔다.

④ 청구인은 심사 결과에 이의가 있는 경우에는 다음 각 호에 따른 위원회에 재심(再審)을 청구할 수 있다.

1. 장교 · 준사관 · 부사관: 「군인사법」 제51조에 따른 중앙 군인사소청심사위원회

2. 병: 차상급 장성급 지휘관 지휘 부대에 설치된 군인고충심사위원회

⑤ 군인고충심사위원회의 구성·운영과 심사절차에 필요한 사항은 대통령령으로 정한다.

제41조(전문상담관) ① 군인이 다음 각 호의 사항으로 군 생활의 고충이나 어려움을 호소하는 경우에 이에 대한 상담 등을 하기 위하여 대통령령으로 정하는 규모 이상의 부대 또는 기관에 병영생활 전문상담관을 둔다.

1. 군 생활에 따른 부적응에 관한 사항
2. 가족관계 및 개인 신상에 관한 사항
3. 구타, 폭언, 가혹행위 및 집단 따돌림 등 군 내 기본권 침해에 관한 사항
4. 질병·질환 및 건강 악화 등 신체에 관한 사항
5. 장기복무 군인가족의 자녀교육 및 현지생활 부적응 등 사회복지에 관한 사항
6. 그 밖에 군 생활로 인하여 발생하는 고충이나 어려움에 관한 사항

② 성희롱, 성폭력, 성차별 등 성(性)관련 고충 상담을 전담하기 위하여 대통령령으로 정하는 규모 이상의 부대 또는 기관에 성(性)고충 전문상담관을 둔다.

③ 제1항에 따른 병영생활 전문상담관과 제2항에 따른 성고충 전문상담관(이하 "전문상담관"이라 한다)은 군 생활 또는 개인 신상문제 등으로 인한 어려움을 겪고 있는 군인에 대하여 상담을 실시하고, 전문상담관이 배치되어 있는 부대 또는 기관의 장에게 피해자의 보호 등 필요한 조치를 요청할 수 있다.

④ 제3항에 따라 조치를 요청받은 부대 또는 기관의 장은 조치 계획 또는 결과를 3일 이내에 상담을 실시한 당사자에게 통보하여야 한다.

⑤ 전문상담관은 다음 각 호의 어느 하나에 해당하는 사람 중에서 국방부장관이 임명한다.

1. 대통령령으로 정하는 심리상담 또는 사회복지분야 관련 자격증을 소지하고 일정 기간 이상의 상담경험이 있는 사람
2. 대통령령으로 정하는 자격을 갖추고 일정 기간 이상의 군 복무 경력이 있는 사람

⑥ 전문상담관의 구체적 자격기준, 채용절차, 신분, 업무 및 그 운영 등에 관한 사항은 대통령령으로 정한다.

2 제대별 지휘관(자)의 역할

지휘계통상 모든 지휘관(자)은 상담자의 역할을 수행해야 하지만, 계급과 직책, 경험에 따라 상담에서 요구되는 역할과 요소는 다르다.

직 책	역 할
분대장	■ 분대원들의 신상, 업무수행 능력 파악 및 관찰 · 보고 ■ 분대원들의 애로사항 경청 및 조치 · 건의 ■ 또래 상담자로서의 역할 수행
부소대장/ 중대행보관	■ 부하들과의 상담스케줄 수립 ■ 매일 · 일상 생활간 상담 실시 ■ 수시상담을 통한 부하 격려 및 교정 ■ 부하들의 신상과 능력 면밀히 파악 ■ 상담 업무 관련 부서와 친밀 관계 유지 · 협조체계 마련 ■ 상담 기록 유지 ■ 상급 지휘관(자)에게 필요한 정보 제공
소 · 중대장	■ 부하들의 임무수행 능력 파악 및 수시 격려 ■ (부)소대장, 중대행보관에 의해 제기된 애로사항 경청 및 조치 ■ (부)소대장, 중대행보관을 훌륭한 상담자로 육성 ■ 분대장들과 수시 · 정기 상담 ■ 실제적인 상담 계획수립 및 실시 ■ 부하상담의 핵심역할 수행
대대장급 이상 지휘관	■ 효과적인 상담계획 수립 ■ 간부들의 상담기술 향상을 위한 교육프로그램 발전 ■ 지휘계통을 통해 제기된 애로 및 건의사항 조치 ■ 문제해결에 요구되는 지원 소요 도출 및 지도 · 감독 ■ 예하 지휘관(자)들과 상담

3 군 상담의 특성 및 한계

군 상담은 개인의 감정과 이익도 중요하게 여기지만, 군대라는 특수성 때문에 조직의 임무를 보다 비중 있게 반영한다. 상관인 지휘관(자)과 하급자인 부하 사이에 상담이 이루어진다는 점에서도 그 특성과 한계를 지니고 있다.

가. 상담자와 피상담자 대화 관계 형성에 한계가 있다.

군 조직은 위계질서에 의한 명령 체계를 가지고 있어 계급에 따른 임무범위가 명확하고, 모든 하급자는 상급자의 통제와 감독을 받게 된다. 따라서 최하위 계급인 병사들은 상담 중에 지휘관(자)의 권위와 감정을 의식하지 않을 수 없다.

또한 군의 철저한 보고체계를 의식해 자신의 마음을 솔직하게 털어놓고 이야기하기 어려우며, 지휘관(자) 역시 상담내용에 대한 완전한 비밀을 보장해 주기 어렵다. 이러한 이유로 지휘관(자)과 부하가 인간 대 인간으로 대등하게 만나 서로 깊이 있는 상담을 하는 데는 한계가 있다.

나. 상담자가 피상담자의 문제를 해결해 줄 수 있는 범위와 정도에 한계가 있다.

군대는 엄정한 규율과 구성원의 사적 생활에 대한 규제가 조직 유지를 위해 필수적이다. 따라서 피상담자인 부하에게 유익한 해결방법이 있더라도 모두 적용하기는 곤란하며, 이를 잘 알고 있는 부하들도 도움을 얻으려 하지 않는다.

다. 피상담자 대부분이 20대 초반의 청년층으로 구성되어 있다.

부하들 대부분이 사춘기를 막 벗어났거나 사춘기 후기에 속해 있는 젊은이들로, 육체적으로는 혈기왕성하고 완전히 성숙된 것처럼 보이지만 정신적 · 인격적으로는 청소년기와 성인기의 중간 단계인 미성숙기에 속해 있다.

라. 급격한 환경 · 역할변화에 따른 특수한 심리적 적응 문제가 야기된다.

군대에서는 조직원들이 24시간 함께 생활하며, 일반사회와는 다른 특수한 환경과 역할이 부여된다. 가정, 학교, 지역 등 서로 다른 성장배경을 가진 사람들이 모여서 통일된 생활과 공동목표를 추구해야만 한다. 이로 인해 구성원 누구에게나 일상생활이나 임무수행상 부적응문제가 공통적으로 발생할 수 있다.

마. 초급 지휘관(자)의 상담능력과 경험이 부족하다.

신세대 부하들의 특성을 수용하면서 효과적인 상담을 해야 하는 초급 지휘관(자)들의 경우 상담 능력과 경험이 부족한 편이다. 이에 반하여 부하들의 학력수준은 점점 높아져 동년배 지휘관(자)에 의한 상담을 비판적으로 생각하는 경향이 강하다.

바. 개인의 편익을 위해 거짓으로 문제를 호소할 가능성이 있다.

근본적으로 군입대는 자원에 의한 것이 아니며, 부대배속과 임무부여 역시 군 방침에 따라 정해지고, 구성원의 자유의사에 따라 부대를 이탈할 수 없다. 따라서 외출 · 외박 · 휴가 등은 부하들의 가장 큰 희망사항이며, 좀 더 편한 부대나 보직으로 옮기고 싶은 욕구가 발생하게 된다. 이에 문제를 허위로 꾸며 휴가, 전속, 보직변경 등을 호소하는 사례가 있다.

제3절 상담자의 자세와 자질

1 상담자의 자세

상담의 효과를 결정하는 요인 중 상담자의 태도와 기술은 중요한 요인으로 작용한다. 성공적인 상담을 위해 요구되는 상담자의 태도는 다음과 같다.

가. 상담자는 '돕는 자'이다.

상담은 부하의 고민, 갈등, 문제 해결을 위해 도와주는 과정으로 일반적인 훈육과 그 성질이 다르다. 훈육은 훈육관이 설정한 목표에 따라 피교육자의 자발적인 의사 없이 강제적으로 교육하고 지도할 수 있다. 그러나 상담은 일방적인 '억지상담'이란 불가능하며, 지휘관(자)의 필요에 의해 상담을 강요하고 이끌어갈 수는 없다. 상담자는 문제해결을 돕는 사람이지 대신 해결해 주거나 문제해결을 강요하는 사람이 아니다.

나. 상담자는 주관적인 편견을 버려야 한다.

"군인은 반드시 이래야 한다", "인간이라면 최소한 이렇게 생각하고 행동해야 한다", "고졸자는 대졸자보다 열등하다", "○○도 출신자는 이렇다" 등의 편견은 누구나 있을 수 있다. 그러나 상담 시 이와 같은 편견은 부하의 심정을 오해하거나 상대방의 입장에 서주는 데 방해가 된다. 편견이 강하면 부하의 생각이나 느낌을 받아주지 못하고, 오히려 자신의 생각을 강요하기 쉽다. 만약 자기 주장을 부하가 받아들이지 않을 경우 불필요한 논쟁을 벌이는 데 시간을 낭비하게 된다.

다. 비현실적인 기대를 하지 말아야 한다.

상담을 처음 해보는 초급 지휘관(자)은 상담을 통해 모든 문제를 해결할 수 있으리라는 기대를 하기 쉽다. 그러나 상담은 사고예방이나 문제해결을 위한 하나의 수단이자 방법이지, 그것의 전부는 아니다. 상담자들이 흔히 갖게 되는 다음과 같은 비합리적인 기대들은 항상 충족되지는 않는다.

상담자가 갖기 쉬운 잘못된 기대

- 상담을 하면 모든 문제가 해결될 수 있다.
- 내가 호출한 부하들은 모두 상담에 협조적으로 응할 것이다.
- 내가 인간적으로 대해주면 부하들도 자기 생각을 솔직히 털어놓을 것이다(털어놓아야 한다).
- 상담을 하면 반드시 성공적인 결과가 나와야 한다.
- 상담자가 제시한 조언을 부하는 언제나 받아들일 것이다.
- 부하는 상담자를 존경해야 한다.

2 상담자의 자질

상담자가 갖춰야 할 자질이나 성격적 특성이 확고하게 결정되어 있지는 않지만, 상담자의 인격과 품성이 상담 효과에 지대한 영향을 미치는 것이 사실이다. 훌륭한 상담자가 되기 위해 지휘관(자)은 다음과 같은 자질을 갖추려는 노력을 계속해야 한다.

가. 인간적인 자질

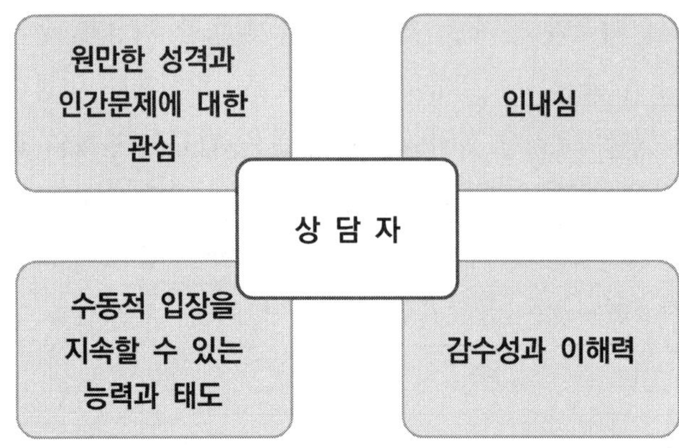

1) 원만한 성격과 인간문제에 대한 관심

현재 지휘관(자)이 심각한 심리적 갈등을 겪고 있거나 대인관계에서 곤란을 겪고 있다면 상담자로서의 역할을 효과적으로 수행하기 어렵다. 유능한 상담자는 자신의 처지와 여건을 긍정적으로 생각하는 원만한 성격의 소유자이다.

또한 인간문제에 관한 폭넓고 민감한 관심을 가지고, 인간문제 해결에 필요한 삶의 지혜와 지식, 남을 돕고자 하는 동기가 충분해야 한다.

2) 인내심

군인은 양성 또는 교육과정에서 결론을 먼저 도출하고 토의하는 등 여러 가지 사유로 다소 성급한 성격이 될 수 있는데 이러한 면은 상담에서는 독소와 같으므로 상담에서 부하가 원하는 바가 무엇이며 부하에게 필요한 것이 무엇인지 정확하게 이해하기 위해서는 인내심을 가지고 부하의 말을 꾸준히 경청해야 한다. 문제를 해결하는 과정 역시 오랜 시간이 걸릴 수 있으므로, 상담자는 성급하지 않은 태도로 꾸준히 견뎌내면서 기다리는 도량이 필요하다.

3) 수동적 입장을 지속할 수 있는 능력과 태도

상담자는 수동적 태도를 유지해야 하는 경우가 대부분이다. 부하를 도우려는 욕심이 지나치게 강하여 부하를 자기 마음대로 이끌고 가거나 성급하게 조언 또는 충고를 할 경우, 상담은 실패할 가능성이 높다. 결국 문제를 해결해야 하는 사람은 부하 자신이므로 상담자의 지나친 적극성은 부하를 당황하게 하거나 의존적으로 만든다.

4) 감수성과 이해력

상담을 효과적으로 진행하려면 부하의 욕구·감정·사고·희망·의도 등을 예민하게 알아차리고 이해할 수 있는 이해력과 감수성이 필요하다.

나. 전문적인 자질

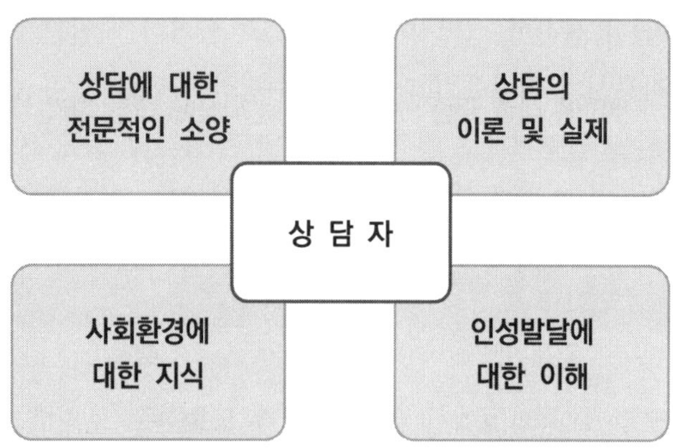

1) 상담에 대한 전문적인 소양심

지휘관(자)은 전문 상담자가 아니다. 그렇지만 부하가 털어놓는 감정과 문제를 다루는 과정에서 문제의 성격과 원인을 이론적으로 설명하고 어떻게 조치할 것인가 등 상담에 대한 전문적인 지식은 어느 정도 갖춰야 하며, 이에 대한 소양은 지휘관(자)에게 도움이 된다.

2) 상담의 이론 및 실제

상담의 이론은 상담에 대한 효과적인 아이디어와 지침을 제공해 주며, 상담의 실제는 이를 근거로 이루어진다. 상담자는 각자 자신이 가지고 있는 이론적인 틀을 바탕으로 상담의 방향을 정하고 다양한 방법과 기술을 선택, 활용할 수가 있다.

3) 사회환경에 대한 지식

인간은 기본적으로 사회적 동물이며 사회 환경으로부터 지대한 영향을 받는다. 상담을 효과적으로 진행하려면 부하가 처해 있는 다양한 사회적 환경에 대한 이해가 필요하다.

4) 인성발달에 대한 이해

인성발달에 대한 이해는 부하의 감정과 행동을 이해하고 예측가능하도록 해 준다.

다. 지휘상담자로서의 자질

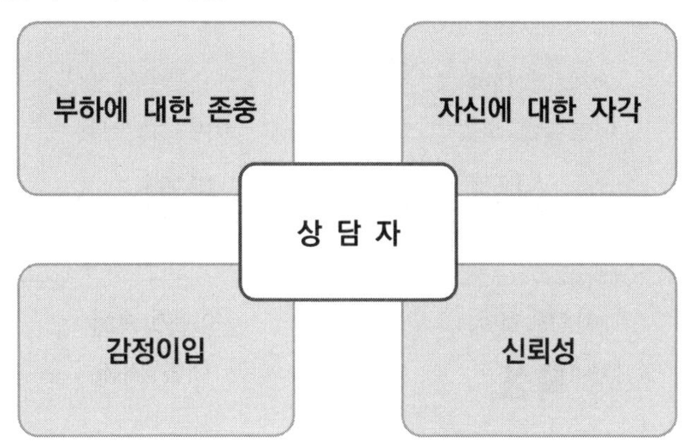

1) 부하에 대한 존중

부하들을 나름대로의 가치관, 신념, 그리고 행동방식을 보유한 독창적이며 훌륭한 인격체로서 존중해야 한다. 상호 존중하는 관계 속에서 행동을 변화시킬 수 있고, 상담의 목표를 보다 용이하게 달성할 수 있다.

2) 자신에 대한 자각

지휘관(자)은 상담하기 전에 자신의 가치 · 욕구 · 편견 등을 정확히 알고 있어야 한다. 자신에 대해 잘 알고 있어야 부하에게 본인의 편견을 적게 노출시키고, 자신이 갖고 있는 가치와 신념이 상담에 미치는 영향을 알 수 있다. 또한 상담자로서의 한계를 깨달아야 하는데, 지휘관(자)이 모든 측면에서 부하를 도와줄 수 없다는 한계를 깨닫고, 자신이 할 수 있는 범위 내에서 도움을 제시하여야 한다.

3) 감정이입

지휘관(자)의 감정을 이입하여 자신을 부하의 기준에 맞추고, 부하의 관점에서 상황을 볼 줄 알아야 한다. 부하가 가진 느낌과 생각을 민감하게 알아차려야만 그 부하에게 적절한 해결방법을 제시해 줄 수 있다.

4) 신뢰성

언행의 정직과 일관성을 통해 부하들로부터 신뢰를 얻어야 한다. 평상시 정직한 태도로 부하들을 지휘하고 그들에게 진심어린 관심을 기울였을 때 부하들의 신뢰를 얻을 수 있다. 지휘관(자)에 대한 신뢰성은 상담 시 긍정적인 결과를 가져온다.

상담 시 고려할 사항

1 부하의 심리 특성

부하들이 갖고 있는 문제는 다양할 뿐만 아니라, 같은 문제라도 해결하는 방식이 저마다 다르다. 상담을 성공적으로 진행하고 종결짓기 위해서는 피상담자인 부하의 성격, 태도, 가치관 등 개인의 심리적 특성들을 이해하는 것이 중요하다. 지휘관(자)은 부하의 개인적인 문제해결에 앞서, 비슷한 연령층에 속하는 부하들의 보편적인 심리적 특성과 갈등을 파악하고 있어야 한다.

가. 성인 초기의 발달적 특성

부하들의 연령은 통상 20대 초반으로서 인간 발달 단계에서 성인 초기에 해당된다. 연령상 성인으로서의 의무와 권리를 갖는 시기지만, 아직 아동 혹은 청소년의 심리적 특성으로부터 완전히 벗어나지 못하고 있는 것이 이 시기의 특징이다. 따라서 이 시기를 청소년기에서 성인기로 넘어가는 과도기라 부르며, 그 특성은 다음과 같다.

- 체격 및 성 기능 등 신체적으로 완숙 단계에 이른다.
- 기억력 · 추리력 등 지적 능력 면에서도 완숙한 경지에 도달한다.
- 정서적으로 예민하고 불안하여 감정적 · 비판적 태도를 보인다.
- 사회적으로 다양한 접촉이 이루어진다.

나. 세대적 특성

부모의 아동 중심적인 양육태도로 인해 '어린왕자'로 성장한 부하들은 사고방식이나 행동양식에 있어 기성세대와 판이하게 다른 면을 보이고 있다. 이들을 '신세대' 또는 'X세대'라고 부르며, 행동 예측이 불가능하다 하여 '럭비볼세대'라고도 한다. 요즘에는 인터넷의 영향을 가장 많이 받고 있어 'N세대' 또는 '넷(NET)세대'라 부르기도 하는데, 이들은 다음과 같은 특징을 지니고 있다.

- '내가 좋으면 그만이다'는 사고방식을 가지고 있다.
- 속감이나 집단을 중시하기보다 자기중심적이다.
- 보편적인 기준보다 자기편의주의로 자신을 합리화한다.
- 개인적인 분야와 자기계발에 관심이 높다.
- 정에 따른 인간관계보다는 원인과 이유를 따지기 좋아한다.
- "무조건 하라"는 식을 거부한다.
- 수직적 인간관계보다 수평적 인간관계를 우선적으로 생각한다.
- 다원주의적 사고에 따라 획일적 · 전체적 · 제도적 관습을 거부한다.
- 부모의 과보호로 의존적인 정신력을 가지고 있다.
- 감정을 솔직하게 표현한다.
- 주어진 임무에 대해 종합적인 판단은 부족하나 도전적 · 적극적이다.
- 탈권위주의적 사고로 개성과 자기 주장이 뚜렷하다.
- 풍요로운 생활환경으로 여유와 자신감이 넘친다.
- 전통적인 것을 무시하는 경향이 있다.

다. 군 조직 구성원으로서의 특성

군대는 일반 사회구조와는 상이한 조직 특성을 가지고 있다. 이 때문에 그 동안 형성되어 온 부하의 가치관이나 개인중심적인 생활태도가 군에서 쉽게 용납되지 않는다. 따라서 군에 오자마자 심리적 갈등을 겪기 마련이고, 군 생활을 하는 동안에도 임무나 불확실한 미래에 대한 불안과 긴장감을 계속 느끼게 된다. 부하들이 이러한 심리적 갈등에 대처하는 형태는 다음과 같은 두 가지 양상이 있다.

1) 소극적인 적응

표면상으로는 계급과 직책에 따른 권위를 인정하면서 규율에 따라 행동하지만, 내면상으로는 군에 대해 적극적인 가치를 부여하지 않는다. 일단 군에 입대한 이상 문제를 일으켜봤자 자신에게 이득이 없다는 생각을 갖고 소극적으로 참여할 뿐이다.

2) 적극적인 적응

군대의 강제적이고 규범적인 가치를 적극적인 태도로 수용하는 자세이다. 군 생활을 단순히 정체나 퇴보로 여기지 않고, 군 생활의 경험이 자기 성장에 도움이 된다고 생각한다. 정차 사회에서 새로운 인생을 개척하는 데 있어 대인관계 · 자기극복 등의 경험을 할 수 있는 기회로 생각하고 군대 규율을 적극적으로 받아들인다.

라. 피상담자로서의 특징

스스로 상담을 청한 경우든, 지휘관(자)에게 호출된 경우든 부하들은 피상담자로서의 공통된 특성을 갖게 된다.

1) 도움을 받고자 한다

새로 전입 와서 환경에 잘 적응하지 못하는 부하는 적응에 필요한 도움을, 가정 문제로 고민하는 부하는 특별휴가나 심리적 안정을 얻고자 한다. 그러므로 지휘관(자)은 부하가 어떤 도움을 받고자 하는지 잘 파악하고, 그들을 도우려는 태도를 보여야 한다.

2) 심리적으로 긴장상태에 있다

상담을 받는 대부분의 부하는 어떤 문제를 지니고 있고, 그 문제를 해결하는 데 스스로 불안과 초조함을 느낀다. 특히 지휘관(자)과의 상담은 부하의 심리적 긴장을 더욱 크게 한다.

3) 상담과 상담자에 대한 나름대로의 생각과 기대를 가지고 있다

상담을 통해 흉금을 털어놓을 수 있다고 생각할 수도 있고, 상담을 거북하고 불편하게 느낄 수도 있다. 또한 상담을 하는 지휘관(자)이 자기에게 '도움을 주고자 하는 믿을 만한 사람이다'라고 생각할 수 있는가 하면, '말만 앞서고 겉과 속이 다른 사람이다'라고 생각할 수도 있다.

4) 자기가 안고 있는 문제에 대해 제멋대로 생각하고 있다

어떤 문제든 문제에 봉착하게 되면 나름대로 그 문제를 분석하게 된다. 문제 본질에 대한 그릇된 생각을 가질 경우 문제를 악화시키거나 적절한 해결을 방해하기도 한다. 이렇게 부하들이 멋대로 느끼고 생각하는 내용도 지휘관(자)은 정확히 파악하고 있어야 한다.

5) 자기가 처한 환경과 상호작용하는 존재이다

부하의 물리적 환경(생활공간의 크기 및 안락성, 각종 문화시설, 경제적 빈부차이 등)과 사회적 환경(소속집단 구성원의 연령, 집단 분위기 등), 그리고 과업적 환경(수행하고 있는 임무의 성격, 분량, 곤란도 등)을 전체적으로 파악하고 부하를 이해해야 한다.

6) 기대와 실제 간에 불일치를 겪고 있다

인간은 누구나 어떤 일이나 타인에 대해 기대를 가지며, 그 기대가 실제와 불일치할 경우 기대를 바꾸거나 실제상황을 바꾸거나 그 간격을 좁히려 한다. 그러나 상담을 요하는 부하의 경우 기대나, 이에 접근하는 방식이 부적절한 경우가 많다.

2 상담 결과에 영향을 미치는 요인들

상담의 결과에 영향을 주는 요인들 중에는 상담을 하는 상담자와 피상담자가 지니고 있는 요인, 그리고 양자의 상호관계 속에서 일어나는 요인이 있다.

1) 피상담자 요인

- 상담에 대한 기대: 내담자의 성격, 태도 등에 따라 달라짐
- 문제의 심각성: 중대한 경우 상담효과 감소
- 상담의 동기: 상담의 지속성에 영향을 미침
- 지능: 피상담자의 자기이해에 영향
- 정서상태: 불안이 크면 동기가 강함
- 방어적 태도: 적절한 자기방어는 바람직함
- 자아강도: 높은 경우가 효과적임

- 사회적 성취수준과 과거 상담경험: 상담효과 증대
- 자발적 참여도: 자발적일수록 효과적임
- 기타 부정적인 영향을 주는 요인
  - 침묵, 상담자에 대한 지나친 숭배 · 순종 · 동조,
    상담에 대한 과잉 기대, 무의미한 내용의 진술,
    상담의 필요성 부정 및 의심,
    상담 중 불필요하게 많은 웃음거리,
    상담자를 속이는 언행 등

※ 피상담자의 행동은 '상담자 자신의 인격에 대한 저항이 아니라는 점'을 명심해야 한다.

2) 상담자 요인

- 상담자의 경험과 숙련도: 피상담자의 신뢰와 기대에 영향
- 상담자의 성격: 치료관계에 영향
- 상담자의 지적 능력: 의사소통 정도와 밀접히 관련
- 피상담자에 대한 호감도: 우호적인 상담 분위기 조성에 영향

3) 피상담자와 상담자간의 상호작용 요인

- 성격의 상호 유사성: 상담자와 피상담자 간의 친밀감 형성
- 상담자와 내담자의 공동협력: 피상담자는 스스로 의사결정, 상담자는 적절한 반응과 논의를 유도해야 함
- 상담자와 피상담자의 의사소통 방식: 상호이해 정도에 영향

3 비밀보장의 문제

상담하는 동안 부하가 털어놓는 많은 이야기들은 비밀로 지켜지길 바라면서 이야기하는 것임을 지휘관(자)은 알아야 한다. 따라서 이러한 내용들은 피상담자인 부하의 동의 없이 타인에게 전달되어서는 안 된다. 그러나 지휘관(자)의 지휘책임으로 인해 그 내용이 상급 지휘관에게 보고될 수도 있다. 지휘관(자)은 상담이 시

작되기 전 비밀보장의 한계가 있을 수 있음을 부하에게 알려주는 것이 좋다. 이는 상담이 진행되는 동안 신뢰성을 유지하는 데 도움이 된다.

- 상담에서 드러난 부하의 정보는 일종의 위임된 비밀 정보임.
- 원칙적으로 비밀이 지켜지지 않을 경우 순조로운 상담 진행 불가
- 부하에게 비밀보장을 약속했다면 반드시 지켜야 함.
- 단, 비밀보장 약속이 부하 자신과 타인, 조직에 심각한 위해를 가할 것이 분명한 상황에서는 지켜지지 않을 수도 있음.
- 이때는 적절한 절차를 통해 지휘계통이나 문제해결에 도움을 줄 수 있는 군종장교, 군의관 등에게 알릴 수 있음.
- 문제가 심각하여 판단 곤란 시는 상급자, 동료, 전문가에게 의뢰
- 피상담자인 부하에게 비밀보장의 한계와 책임을 충분히 설명

제2장

상담의 실제(I): 상담의 요령과 진행

상담 간 유의할 사항

1 효과적인 상담의 요건

상담은 상담자와 피상담자의 만남으로 이루어지는 관계이다. 간단한 정보를 제공하든, 심리적 안정을 되찾도록 도와주든, 상담은 '너와 나의 만남'에서 이루어지며, 상담에는 어떤 지식이나 기술의 문제보다 더 중요시해야 할 기본적인 조건들이 있다.

가. 수용적 태도

수용이란 간단히 말해 상담자가 피상담자를 받아들인다는 뜻이다. 즉 개인의 상황은 서로 다르다는 사실을 기꺼이 받아들이고, 제 각기 다르게 성장하고 발달하도록 관대하게 허용하는 것이다. 그리고 개인이 갖고 있는 현재의 경험과 가치, 태도, 견해 등을 도덕적 평가나 사회적 판단 없이 받아들이는 것을 말한다. 수용적인 상담자는 피상담자의 가치를 획일적으로 평가하지 않고, 피상담자의 감정과 생각이 상담자와 다를 수 있다는 것을 인정하고 존중한다. 이러한 상담자의 수용적인 태도는 상담 관계를 형성하는 초기에 더욱 중요한 역할을 한다. 피상담자는 자기의 생각이나 느낌을 무조건적으로 표현할 수 있으며, 그가 표현하는 감정과 의견이 존중받고 있다고 느끼게 되는 것이다. 그러나 유념해야 할 점은 피상담자의 잘못된 행위나 표현에도 동의해야 하는 것은 아니고, 수용의 대상인 '사실(real)' 자체가 곧 '선(good)'이라는 의미도 아니다.

나. 공감적 이해

인간은 누구나 상대로부터 이해 받고 싶어 하는데, 피상담자는 상담자로부터 이해받고 싶은 욕구가 더욱 강하다. 피상담자를 잘 이해하려면 '상대방의 신을 신고' '상대방의 눈을 통해서 세계를 보는 것'이 중요하다. 피상담자가 상의해 오는 문제가 무엇이든, 상담자가 이해해야 할 것은 눈에 보이는 외형적인 사실만이 아니라, 그러한 문제들을 피상담자가 어떻게 지각하고, 느끼고, 대처하고 있는지, 앞으로 어떤 의도를 가지고 행동할 것인지 등이다.

이와 같이 상담자는 피상담자를 이해하기 위해 상대방의 입장과 감정을 늘 생각하고 자신이 상대방인 것처럼 듣고 이해하는 능력을 키워야 한다. 이러한 이해를 '공감적 이해' 혹은 '감정이입적 이해'라고 한다.

다. 일치성

일치성은 진지성 혹은 진실성이라고도 하는데, 상담자가 말하고 행동하는 것이 자신의 내면세계와 실제가 일치하는 것을 가리킨다. 다시 말해 상담자가 피상담자를 돕는 과정에서 진지하고 성실한 태도를 가지는 것이다. 상담자가 자신의 내면세계와 다르게 억지로 꾸며서 말하고, 어떤 역할을 일부러 하는 행동은 어떤 경우든 피상담자가 알아차리게 된다. 그렇다고 해서 상담자가 개인의 감정을 무분별하게 나타낸다거나 피상담자에게 전혀 도움이 되지 않을 내용은 이야기해서는 안 된다.

2 상담 간 대화를 이끌어 가는 요령

원활한 상담을 위해서는 지휘관(자)과 부하 상호간에 진정한 의사소통, 감정 소통이 이루어져야 한다. 대화가 잘 되지 않고 인격적인 감화가 이루어지지 않는 것은 바로 각자의 의견이나 정보만 전달되고 정서적 교류가 충분치 않기 때문이다. 이렇게 서로의 정서적인 교류를 방해하고 대화의 장애를 일으키는 요소들을 지휘관(자)은 주지하고 있어야 한다.

가. 부하의 마음(감정)을 알고 있다고 가정하지 않는다.

"너 기분 나쁘지!", "너 무슨 생각을 하고 있는지 내가 다 알아"처럼 부하의 마음이나 감정을 알고 있다는 말은 피하는 것이 좋다. 각 개인의 감정이나 마음은 자기 자신이 가장 잘 알고 있으며, 다른 사람은 그저 추측할 뿐이고, 이 추측마저 대부분 정확하지 못하다. 지휘관(자)이 부하의 머릿속을 알고 있듯이 말하는 것은 부하의 저항과 방어적인 행동을 초래하고, 부하에게 심적인 부담을 주거나 거리감을 갖게 한다.

나. 단정적인 주장보다는 느낌을 말한다.

지휘관(자)의 신념이나 주장은 상담과정에서 대화의 장애요소가 되고, 부하에게 받아들여야 한다는 부담을 주게 된다. 대신 자신의 느낌을 말할 때는 부하와의 거리감을 없앨 수 있다. 예컨대 지시한 업무를 수행하지 않은 부하에게 "너는 왜 이렇게 게으르냐?" 혹은 "그러면 안 되지!"라고 말하면 부하는 마음속으로 반발할 수도 있다. 그러나 "약속이 지켜지지 않아 화가 났었다"고 말한다면 부하는 미안한 마음이 생기고 다음 말을 더 귀담아 듣게 된다. 이렇듯 지휘관(자)의 느낌으로 표현하는 것은 부하와의 의사소통을 원활하게 만들어 준다.

다. 너무 많은 질문공세를 피한다.

질문은 나 자신의 생각이나 느낌을 나타내기에 앞서 타인의 생각이나 느낌을 알아보기 위한 수단으로 사용된다. 그러나 대화 시 자기 생각은 나타내지 않고 주로 질문하는 사람은 의사소통을 회피하거나 할 줄 모르는 사람이다. 자기 공개보다 상대방에 대한 탐색이 많으면 원활한 의사소통이 될 수가 없고, 상담 시 지휘관(자)이 너무 많은 질문을 하면 부하는 방어적인 자세를 취하게 된다. 반대로 부하가 계속 질문만 하면 곧바로 응답해 주지 말고, "내가 대답하기 전에 너의 생각을 먼저 듣고 싶다"고 말하는 것이 좋다. 그리고 "왜?"라는 질문은 부하로 하여금 이유를 대거나 변명하도록 만든다. "왜?"보다는 "이 점에 대한 너의 생각을 말해 줄 수 있느냐?"라고 묻는 것이 바람직하다.

라. 평가적인 태도보다 자신의 느낌을 말한다.

부하의 이야기에 대해서 항상 도덕적 평가나 가치 판단을 내리는 것도 대화의 장애요소가 된다. "옳다, 그르다", "좋다, 나쁘다", "착하다, 착하지 않다" 등의 이원론적 평가나 양분법적 사고방식으로 반응하게 되면 대화가 잘 이루어지지 않는다. 이런 평가적인 태도보다 부하의 이야기가 지휘관(자) 자신에게 어떻게 비쳐졌는가를 느낌의 형식으로 말하는 것이 효과적이다. 예컨대 "그건 잘못이야", "그러면 나쁜 사람이지!"보다는 "그러면 내가 걱정스러워지는데"라든가 "나는 그런 생각에 찬성할 수가 없어"라고 말하는 것이 대화를 자연스럽게 이끌 수 있다.

마. 부하의 감정이나 느낌을 수용한다.

부하의 감정이나 느낌을 받아들이지 않고 거부하는 태도는 피해야 한다. 가령 "그건 너의 기분 문제야!"라든가 "너만 그렇지 다른 사람들은 관계없어!"와 같은 말이다. 이런 식의 말들은 두말 할 나위도 없이 의사소통의 장애물을 만든다. 바람직한 의사소통과 대화는 서로의 문제나 관심사, 느낌을 공유하려는 태도를 바탕으로 한다.

바. 직접적인 표현이 의사소통을 촉진한다.

직접적으로 표현하는 것은 상대방의 감정을 건드리고 불편하게 만들 수도 있다. 그러나 자기의 말에 책임을 지고, 부하의 인격을 존중하는 태도를 바탕으로 한다면, 직접적인 표현이 오히려 의사소통을 촉진시킨다. 반면 간접적이고 복선이 깔린 표현은 대화를 피상적으로 흐르게 하고 화제의 초점을 분산시킬 위험이 있다. 지휘관(자)은 직접적이고 적극적인 태도로 자기의 생각이나 느낌을 부하에게 공개하여, 서로 의사소통과 감정소통을 해야 한다.

사. 고정관념을 떨쳐버려야 한다.

고정관념을 가진다는 것은 신체적 또는 행위적 특성에 대한 집단의 추정된 사고로써 부하를 평가하는 것을 의미하는데, '덩치가 큰 사람은 느리다'거나 '마른 사람은 약하다'거나 하는 섣부른 판단을 말한다. 부하에 대한 평가는 부하가 실제로 보여준 행위나 능력에 기초해야 하며, 신체적 또는 다른 특성에 의한 추측된 평가는 금물이다. 따라서 지휘관(자)은 부하들에 대한 고정관념을 버리고 상담에 임해야 한다.

아. 감정통제를 잘 해야 한다.

상담자가 자기절제 능력을 상실했을 때 상담조절 능력까지 잃게 되며, 상담을 통해 얻는 것도 없다. 의견의 차이는 있을 수 있지만, 부하와의 논쟁이나 과열된 논의는 문제해결을 더욱 어렵게 만든다. 상담자의 감정통제력 상실은 결국 시간만 낭비하고 부하를 화나게 하며 상담자로서의 명확한 사고능력을 저하시킨다.

자. 부하에 따라 상담 방법을 달리해야 한다.

부하 각자는 개인적인 성격, 경험, 교육 정도, 처한 문제, 상황, 환경 등에 따라 다양한 양상을 지닌다. 따라서 아무리 훌륭한 상담 방법과 기술이라도 모든 부하들에게 효율적인 것은 아니다. 상담자는 똑같은 상담 방법을 사용하기보다, 부하의 개성을 알고 그에 맞는 접근방법을 선택한다.

차. 반드시 적절한 후속조치를 해줘야 한다.

상담자에 대한 신뢰를 유지 · 강화하기 위해서는 적절한 후속조치가 중요하다. 상담이 종료될 때 부하는 더 알고 싶은 사항을 지휘관(자)에게 요구 할 수 있고, 지휘관(자)은 다음 상담 전까지 이에 대한 간략한 내용과 확인된 사항을 부하에게 알려주어야 한다. 부하 한 명과 약속을 지키지 못함으로써 다른 부하들의 믿음과 존경까지 잃게 된다. 한편 다른 상담자, 즉 군의관이나 군종장교에게 도움을 요청할 경우 상담을 했던 부하는 지휘관(자)이 더 이상 자신에게 신경 쓰지 않는다고 느낄 수 있으므로 더욱 후속조치에 신경 써야 한다.

카. 내담자의 변화를 확인해야 한다.

내담자가 상담 후 복무부적응 등의 문제를 확인하면서 변화되는 생각이나 느낌, 적응도를 확인해야 한다. 내담자의 적응상태를 확인하면서 필요시 심리검사, 주변 전우조 확인 등을 통하여 상담의 결과에 대한 지속적인 확인을 해야 한다.

상담 진행 절차

1 상담의 기술

상담의 어려운 점 중 하나가 각 상황에 맞는 상담기법을 선택하는 것이다. 효과적인 상담기술은 직면해 있는 상황, 상담자인 지휘관(자)의 능력, 그리고, 부하의 기대에 부합되어야 한다. 이를 위해 모든 지휘관(자)은 스스로 상담능력을 계발하고 향상시켜야만 한다. 즉, 부하의 행동을 연구하고 부하들에게 영향을 미치는 다양한 문제를 배우며 의사소통 기술을 향상시켜 나가야 하는 것이다. 효과적인 상담을 위해서는 적극적인 청취, 적절한 반응, 그리고 효과적인 질문 기술 등 일반적인 상담기술을 잘 적용해야 한다.

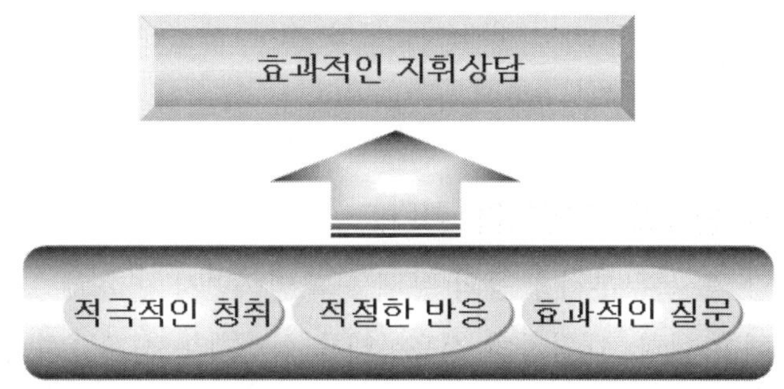

가. 적극적인 청취

부하의 말과 행동에 대한 적극적인 청취는 상담을 성공적으로 이끈다. 왜냐하면 부하는 지휘관(자)이 적극적으로 들어주는 것을 좋아하기 때문이다.

적극적인 청취는 부하로 하여금 자신의 생각이나 감정을 자유롭게 표현할 수 있도록 북돋아 주고, 자신의 문제에 대한 깊이 있는 탐색을 도와주며, 상담에 대한 책임감을 느끼게 해 준다. 적극적인 청취란 단순히 소리를 듣는 것만이 아니라,

문제에 대한 이해의 차원을 높이고 관심을 표명하여 들은 것을 분석하고, 그것을 토대로 행동하는 모든 것을 포함한다.

1) 경청하기

지휘관(자)은 부하의 언어적인 수단뿐만 아니라, 비언어적인 수단에 의해서도 의사표현을 전달 받을 수 있다. 효과적인 경청을 위해 부하가 말할 때는 눈빛 접촉을 통해 그를 이해하고 있음을 알려 주는 것이 효과적이다.

지휘관(자)은 관심을 표명하는 자연스럽고 이완된 자세를 취하며, 부하의 말을 가로막거나 부하의 발언 중에 질문을 던지거나 새로운 문제를 제기하지 않도록 한다.

경청의 구성요소

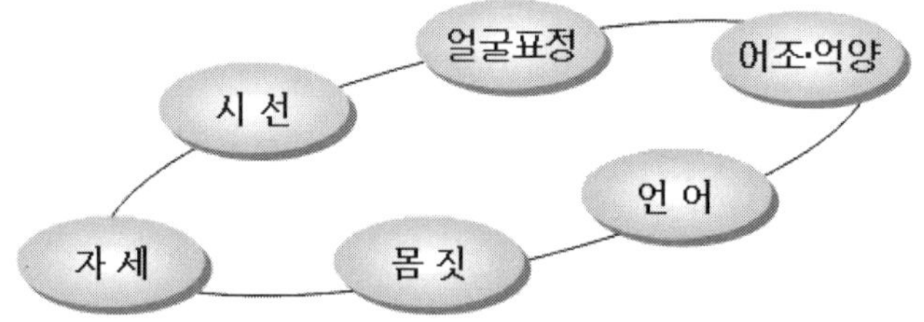

가) 시선을 통한 접촉

대화 시 부하를 주목하는 것은 그에게 관심을 가지고 있음을 알리는 효과적인 방법이다. 그렇다고 고정적으로 응시하지는 말고, 부하에게 진지하고 자연스러운 눈길을 보내면 된다. 즉, 부하에게 보내는 눈길을 통해 '박 이병의 마음을 이해하고 있다'는 뜻이 전달될 수 있도록 하는 것이다. 그리고 부하와 어느 정도의 거리를 두는 것이 좋은가 고려할 필요가 있는데, 사람에 따라 너무 가까이에서 시선을 받으면 불편해 하는 경우가 있다. 그러므로 부하가 시선을 받을 때 불편해 하거나 긴장하는지를 살펴야 한다.

상황별 적절한 대인거리

사적인 거리	일상적 거리	공적인 거리
매우 친밀: 8~15cm 친밀: 15~30cm	0.5~1.5m	1.8~2.0m

나) 자 세

이완된 자세로 부하 쪽으로 약간 몸을 기울이는 것이 좋다. 지휘관(자)의 자세가 경직되고 긴장돼 있으면, 부하를 주목하지 못하고 자신을 더 의식하며 부하도 긴장하게 만든다. 팔짱을 끼고 몸을 뒤로 젖힌 채 앉아 있으면, 부하는 무시 받고 있다는 느낌을 갖는다. 또한 지나치게 이완된 자세나 구부정하게 앉은 자세는 관심이 부족하다는 느낌을 준다. 하품을 하거나 다리를 꼬았다 풀었다 하고, 의자를 손으로 꽉 붙잡는 자세는 부하들에게 거절 혹은 무관심의 표현으로 전달되기 쉽다. 이러한 상담자의 자세는 극히 사소한 것처럼 보이지만 결코 무시해서는 안 될 중요한 요소들이다.

다) 몸 짓

몸짓은 부하에게 많은 암시와 뜻을 전달한다. 지휘관(자)의 편안하고 안락한 몸동작은 부하 역시 편안하게 만든다. 가끔 고개를 끄덕여 주는 것은 관심을 갖고 있다는 표현이며, 이는 부하로 하여금 계속 말을 하게 하는 촉진제 역할을 한다. 만일 지휘관(자)이 손을 거칠게 흔드는 것은 부하에게 위압감을 주어 상담에 대한 거부감을 갖게 한다. 따라서 지휘관(자)은 자신의 자세와 몸짓이 어떤 의미를 전달하는지 주목하고, 이것이 자신이 의도한 것인지 분명히 파악해야 한다. 왜냐하면 은연중내담자인 부하를 향한 상급자의 선입견등이 반영될 수 있기 때문이다.

라) 언 어

언어는 부하의 진술 흐름에 따라야 한다. 지휘관(자)이 주도적으로 말을 너무 많이 하는 것은 좋지 않다. 부하의 이야기를 중단시키지 말고, 부하가 계속 말할 수 있도록 유도해야 한다. 부하가 말한 의미를 언급하거나, 구절을 반복 표현해줌으로써 그의 생각을 확인하고, 거기에 초점을 맞추도록 한다. 가령, “으흠”, “그래”,

"박 일병이 말하고 있는 바를 알겠다.", "그 점이 결국 문제였구나." 등의 말은 지휘관(자)이 경청하고 있음을 부하에게 확인시켜 준다.

마) 얼굴 표정

얼굴 표정은 그 사람의 느낌, 정서, 반응 등 많은 사실을 전해준다. 따라서 상담 중에는 자연스럽고 편안한 표정을 유지하는 것이 바람직하다. 만약 지휘관(자)의 표정이 통명스럽거나 굳어 있다면, 부하를 불편하게 만들고 좋은 상담의 결과도 기대하기 어렵다. 상담을 진행하면서 너무 많이 웃거나 자주 찡그리는 표정도 부하가 계속 말을 할 수 없게 한다. 어려운 일을 이야기 할 때 지휘관(자) 자신이 고통스러운 듯 인상을 찌푸리거나, 계속 미소를 띠며 고정된 표정을 짓는 등 정서적으로 일치하지 않는 표정도 부하를 실망시키는 요인이 될 수 있으므로 평소 거울을 보면서 편안한 표정이 가능하도록 노력하면 효과적이다.

바) 어조(語調)와 억양

부하는 지휘관(자)의 어조와 억양을 단서로 본인의 이야기를 받아들이고 있는지 아닌지 알 수 있다. 또한 말의 속도 역시 주의해야 하는데, 부하가 따라가기 어려울 정도로 빨리 말하면 부하에게 무관심하다는 인상을 주게 된다. 혹은 지휘관(자)이 거드름을 피우는 목소리로 이야기 한다면 감수성이 둔하다거나, 상담을 자기 마음대로 이끌고 통제한다는 인상을 줄 수 있다.

상담 간 부하가 나타내는 비언어적 행동

지루함	▪ 테이블을 두드리거나 낙서를 함 ▪ 볼펜을 똑딱거리거나 턱을 고이는 행동
자신감	▪ 바른 자세로 있거나 고정된 자세로 머리를 들고 계속 시선을 맞추는 행동 ▪ 곧게 서거나 안정된 눈 접촉을 계속 유지
부정적 태도	▪ 의자 깊숙이 앉거나 빤히 쳐다보는 행동 ▪ 빈정거리는 대꾸를 하거나 손을 깍지 끼고 팔을 가슴 앞에 포개는 행동
좌절감	▪ 눈을 비비고 한쪽 귀를 당기거나 호흡이 짧아짐 ▪ 손을 비틀거나 온몸의 자세를 자주 바꾸는 행동

관심/솔직	■ 상담 도중 지휘관(자) 앞으로 다가옴
개방/열의	■ 팔을 펼친 채 의자 끝에 앉음

나. 적절한 반응

적절한 반응은 적극적인 청취의 후속절차이다. 지휘관(자)은 부하를 이해하고 있음을 전달하기 위해 적절한 반응을 나타내야 한다. 때때로 부하가 이야기한 것에 대하여 명확하게 이해하고 있는지도 점검해 볼 필요가 있다.

1) 요약하기

부하가 하는 말의 내용을 요약하기 위해서는 말의 내용, 말할 때의 감정, 그가 한 말의 목적, 시기, 효과에 대해서 주의를 기울여야 한다. 요약은 여러 생각과 감정을 상담이 끝날 무렵 하나로 묶어 정리하는 것을 말한다.

요약의 기본은 대화의 내용과 감정들의 요체, 그리고 전반적인 줄거리를 잡아내는 것이다. 또한 상담이 어디로 진행되고 있으며 현재 어디에 위치하고 있느냐를 파악하는 것이다.

요약의 주목적은 부하에게 미처 의식하지 못한 면을 학습시키고, 문제해결의 과정을 밝히며, 자신의 생각과 느낌을 탐색하도록 돕는 데 있다. 또한 상담을 자연스럽게 종결하며, 많은 생각들을 정리하고 통합하고, 새로운 해결책을 강구하게 한다. 이와 같이 부하의 말을 요약해 줌으로써 그의 말에 주목하고 그를 이해하고 있음을 확신시킨다. 단, 지휘관(자)의 새로운 견해를 추가하지 않도록 한다.

가) 요약의 시기

■ 더 이상 대화가 없거나 부하가 두서없이 말할 때
■ 부하가 지휘관(자)의 말을 제대로 이해하고 있는지 점검할 필요가 있을 때
■ 상담이 끝날 무렵

나) 요약의 방법

■ “지금까지 자네는 이렇게 말했네.”
■ “요점은… 지금까지 나눈 말은…”

■ "김 이병은 이 문제를 …하게 생각하고 있구나."

다) 요약의 예시

(부하의 부적절한 감정에 대하여 대화를 가진 후)

■ "박 일병이 가정이나 학창시절, 부대에 대하여 말한 것을 보면 모든 생활에서 실패감을 느낀 것 같구나."

■ "박 일병은 지금까지 과거 자신의 생활에 대하여 좋았던 점과 싫은 점을 이야기하였고 군 생활은 어떻게 할 것인지에 대해서 이야기 했는데 새로운 생활을 위해서 좀 더 고려할 바가 없을까?"

2) 해석하기

해석하기는 내용 요약하기와 유사하지만, 문제점이나 상황을 달리 바라보는 시각을 제공한다. 해석의 목적은 부하로 하여금 다른 시각에서 문제에 접근하도록 하는 것이다. 이를 통해 지휘관(자)은 다양한 시각이 있다는 것을 보여주고, 부하는 문제의 본질에 근접할 수 있다.

가) 해석의 방법

■ "내가 이해하는 바로는 …인 것 같군."

■ "다른 견지에서 그 문제는 …일 수 있군."

■ "김 이병, 애인이 어떻게 생각할지 이야기 해 보겠나."

나) 해석의 예시

(부하: "의무대나 후송을 자주 갔다 오니 병영생활에 대해 불안해집니다.")

■ "의무대에 자주 가는 것 때문에 병영생활이 난처하고 정말 걱정이 되겠구나."(느낌의 반영)

■ "몸이 많이 아파서 후송을 자주 갔지만 병영생활을 하는 데 입장이 곤란할 정도로 자주 후송을 갔구나."(바꾸어 말하기)

■ "자주 후송하여 병영생활에 소홀한 것에 대해 선·후임병들이 어떻게 보고 있을지 걱정이 된다는 얘기구나."(해석)

3) 명료화하기

명료화는 부하가 한 말 중에서 모호한 부분을 부하가 확실히 알도록 해주는 것이다. 부하가 말하고자 하는 의미를 지휘관(자)이 판단한 바대로 다시 부하에게 말해 준다는 점에서 단순한 재진술과는 다르다. 명료화는 부하의 말이 모호하거나 잘 이해되지 않았을 때, 부하 스스로 자기의 말을 재음미할 수 있게 해주거나, 구체적인 예를 들어 명확히 해 줄 필요가 있을 때 사용한다. 부하의 진술에 대해 지휘관(자)의 반응을 나타냄으로써 명료하게 하지만 지휘관(자)의 반응이 개인적인 반응이 되거나, 직접적이고 강렬하면 거부감을 주게 되므로 주의할 필요가 있다.

가) 명료화의 예시

(부하가 말하는 의미가 모호하거나 혼란되어 있을 때)

- "잘 이해를 못하겠구나. 박 일병이 말하고자 하는 바를 좀 더 분명하게 말하여 주겠니?"
- "나는 박 이병이 병영생활 간 느끼는 감정이 어떤지 확실하지 않구나."
- "예를 들어 간략하게 다시 말해 주겠니?"

4) 전달하기

무엇인가 알려줌으로써 부하의 견해와 행동을 바꾸는 것이다. 부하는 지휘관(자)의 의견을 통해 정보를 얻을 수 있다. 전달은 부하가 지휘관(자)에게 던진 문제에 대한 답변으로 나타난다. 전달은 대개 부하에게 그의 행위가 더 큰 문젯거리나 혼돈을 가져올 수 있겠다는 것을 알리기 위해 사용되기도 한다.

가) 전달의 방법

- "김 이병 자네는 한편으로는 …라고 이야기하고 다른 한편으로는 …라고 말하는군."
- "…라는 것을 잊지 말게"
- "그렇다면 그것은 걱정할 문제가 아니로군. 그건 …"
- "내가 아직 모르는 것이 있는 것 같은데 …"

5) 반영하기

반영은 부하의 말과 행동에서 표현된 기본적인 감정 · 생각 및 태도를 지휘관(자)이 참신한 다른 말로 부연해 주는 것이다. 이것은 부하의 자기이해를 도와줄 뿐만 아니라 부하로 하여금 자기가 이해 받고 있다는 인식을 주게 된다. 그러나 부하가 한 말을 그대로 다시 반복하는 식으로 하면, 부하는 자기 말이 어딘가 잘못되지는 않았나 하고 생각하게 되거나 그와 같은 반복에 지겨움을 느낄 수도 있다.

가) 반영의 예시

- "너는 지금 괜찮다고 말하고 있는데 내가 볼 때에는 초조하게 보이는구나."
- "너는 지금 아버지가 고마운 분이라고 말했는데 너의 목소리는 무언가 확신이 가지 않는 것 같구나."
- "너는 애인을 사랑하고 있다고 이야기했는데 그 여자에 대해서 말할 때마다 주먹을 꽉 쥐는구나."

다. 효과적인 질문

질문은 상담과정에서 매우 중요하다. 지휘관(자)의 심사숙고한 질문은 부하를 상담에 끌어들이기에 충분하다. 그러나 질문은 주의해서 사용해야 한다. 지휘관(자)이 끊임없이 질문공세를 퍼붓는다면 부하에게 대답만을 강요하게 되고, 너무 많은 질문은 지휘관(자)과 부하 사이의 권한 차이를 드러내 보임으로써 부하의 피동적인 태도를 유발한다. 그리고 개인 사생활침해의 우려가 있는 질문은 부하로 하여금 반발심을 갖게 하여 수세적 태도를 취하게 한다. 내담자가 도저히 대답할 수 없는 질문을 한다거나 답변을 원하지도 않으면서 답변을 할 때는 듣지도 않는 태도를 보이는 것은 커다란 문제이다. 적절한 질문은 문제에 대한 명확한 이해를 할 수 있도록 도움을 주고, 더 많은 메시지를 전달하며, 부하들의 마음을 움직이게 한다. 질문은 적절히 사용하면 관심의 표현이 되고, 더 자세한 설명을 유도하며 부하의 이해 여부를 확인할 수 있다.

1) 개방형 질문과 폐쇄형 질문

개방형 질문은 폭 넓은 대답을 요구하는 질문을 말하며, 폐쇄형 질문은 폭이 좁고 특수한 대답을 요구하는 질문이다. 지휘관(자)은 '예'나 '아니요'의 대답을 요구하는 폐쇄형 질문보다는, 해석의 여유를 남겨놓을 수 있는 개방형 질문을 많이 해야 한다. 개방형 질문은 부하로부터 보다 상세한 정보를 얻기 위해 사용된다. 주의할 점은 질문을 많이 할수록 내담자의 문제를 깊이 이해할 수 있다고 생각할 수 있으나 어떤 질문을 해야 하는지 깊이 고민해야 한다.

2) '왜'라는 질문

부하에게 자신의 행동을 설명하도록 요구하는 '왜'라는 질문은 부하를 방어적으로 만든다. '왜'라는 질문은 사람들에게 위협적이어서, 이유보다는 변명을 늘어놓도록 만들기 때문에 조심스럽게 사용해야 한다.

3) 바람직한 질문

질문은 한 번에 한 가지씩만 질문하며 다음요령에 의하여 질문하는 것이 효과적이다.

- 질문을 던진 후 그 질문에 대해 충분히 생각할 시간을 준다.
- 간결하고 명확하게, 알아듣기 쉽게 질문해야 한다.
- 가능한 개방적인 질문을 한다.
- 직접적인 질문보다 간접적인 질문을 한다.
- '왜'라는 질문은 가능한 피하는 것이 좋다.

4) 질문의 시기

- 부하의 말을 잘 듣지 못했거나 이해하지 못했을 때
- 부하가 지휘관(자)의 말을 이해했는지 확인해 볼 때
- 부하가 지금까지 표현해 온 생각이나 느낌을 보다 명확하게 탐색할 때
- 부하를 보다 충분히 이해하기 위해 자세한 정보가 필요할 때
- 하고 싶은 말이 더 있는데도 말을 계속하기 어려워하는 부하를 격려 할 때

5) 질문의 방법

- "김 이병은 어떻게 되었으면 좋겠나."
- "김 이병은 다음 단계를 위한 준비를 언제쯤 끝낼 수 있다고 생각하나."
- "어디서 그 일이 발생했을까"
- "어떻게 그 일이 그렇게 될 수 있을까"

2 상담의 단계

상담은 지휘관(자)과 부하가 만나기 시작해서 종결될 때까지 여러 차례의 면접을 거치는 하나의 과정이다. 때로는 한두 번의 면접으로 부하의 관심사와 문제가 해결될 수도 있겠으나, 대부분의 상담은 5~6회 이상의 면접이 이루어진다. 상담이 시작되면서 끝나는 단계에 이르는 모든 과정은 지휘관(자), 부하, 문제의 특성, 상황 등에 따라 각기 다른 양상을 보인다. 그러나 상담을 효과적으로 진행하기 위해서는 일반적으로 거쳐야 할 단계가 있다.

1 단계: 준비와 시작
2 단계: 상담의 정의 및 목표 설정
3 단계: 문제의 명료화
4 단계: 문제해결의 노력
5 단계: 문제해결의 견고화
6 단계: 종결

가. 1단계: 준비와 시작

상담을 받는 부하는 통상 복잡하게 얽힌 감정과 사고를 가지고 있다. 특히 자발적으로 상담을 요청하기보다 타의에 의해서 상담을 받게 될 경우는 상담에 대해 부정적인 생각을 가지기 쉽다. 그러므로 상담의 첫 단계에서는 부하가 갖는 저항감을 최소로 줄이고 상담자인 지휘관(자)에 대해 신뢰감을 갖도록 해주는 것이 중요하다. 또한 지휘관(자)이 주도하여 상담이 이루어진 경우에는 부하로 하여금 솔직하게 자신의 걱정거리, 문제 등을 말할 수 있도록 해준다.

나. 2단계: 상담의 정의 및 목표 설정

상담을 하면 부하들은 흔히 자신의 어려운 문제를 지휘관(자)이 직접 해결해 주기를 바라거나, 문제에 대한 해답 및 방향을 제시해 줄 것을 기대한다. 따라서 처음부터 지휘관(자)이 문제에 대한 해답을 갖고 있는 것은 아니고, 부하가 원한다면 상담자의 도움으로 자신의 문제를 해결해 나가는 것이 상담이라는 것을 이해시켜야 한다. 즉 상담의 방향과 성격을 분명히 밝혀줌으로써 상담의 진행과정에 대한 두려움이나 궁금증을 줄이는 것이다.

다. 3단계: 문제의 명료화

부하에게 도움이 필요한 원인과 문제의 배경을 밝히는 것이 이 단계에서 이루어진다. 지휘관(자)은 부하가 어떤 내용의 도움을 구하고 있는지를 그의 진술을 통해 상세히 명료화시키고 고무 · 격려해야 한다. 문답과정을 통해 문제와 상황을 파악하여 상담을 진행해서는 안 되고, 부하가 스스로 이야기한 내용의 요점을 정리해 주고, 부하가 느끼는 감정을 수용하며 이해해 주어야 한다.

라. 4단계: 문제해결의 노력

부하의 문제와 기대하는 바가 명백해지고, 부하와 지휘관(자)의 관계도 깊어지면 문제 해결을 위해 더 적극적인 활동이 필요하다. 문제에 대한 바람직한 행동이 무엇인가 부하 스스로 명확히 자각하고, 실제 문제해결을 위한 노력을 하도록 촉진시켜야 한다. 이를 위해 부하의 감정과 생각을 탐색하고 정리해 주는 것이 바람직하다.

마. 5단계: 문제해결의 견고화

상담은 대부분의 시간을 문제탐색과 문제해결을 위한 노력으로 보내게 되나, 이를 마치고 나면 가장 적합한 대안, 방법, 사고, 행동 등을 확정하여 이를 실천해 나가고 견고화시켜야 한다. 이 단계에서는 문제해결 과정에서 겪은 중요한 경험들에 대해 좀 더 합리적인 방향에서 생각해 보고, 그러한 행동이 견고화되고 습관화되도록 반복적인 실천을 해야 한다.

바. 6단계: 종결

이 단계에서는 상담을 통해 성취된 것들을 상담목표에 비추어 평가하게 된다. 만일 이러한 목표에 도달하지 못했다면 왜 그렇게 되었는가를 토의해야 한다. 상담 관계가 종결될 때는 상담의 전체 과정을 요약해 보는 것이 좋다.

종결은 주로 지휘관(자)과 부하의 합의 의하여 이루어진다. 부하가 종결을 희망한다 하더라도, 상담 성과가 아직 불충분하다면 당분간 상담을 계속하도록 권고해야 한다. 또한 상담의 종결이 부하 자신을 배척하는 것이라 오해할 가능성이 있는 경우에는 서서히 종결시킨다. 즉 종결 무렵에는 2주일이나 3주일의 간격을 두어 만나는 것이 바람직하다.

상담의 준비 및 실시

1 상담의 준비

준비과정은 성공적인 상담을 위한 핵심요소이다. 상담에 필요한 세부적인 준비가 되어 있지 않다면 불필요한 노력 낭비만 하게 된다. 그러나 때때로 상담을 계획하는 것이 불가능할 때도 있다. 부하가 즉각적인 도움을 요청하거나, 현장에서 즉시 문제를 발견하고 교정해야 할 때인데, 지휘관(자)은 이 경우에도 부하들의 요구에 반응할 수 있도록 준비해야 한다.

가. 상담의 시기를 결정하라

상담의 시기를 일정 기간을 선정하여 정기적이고 획일적으로 실시할 것이 아니라, 상담의 필요성을 고려하여 정기 또는 수시로 해야 한다.

1) 상담의 시기

- 부하의 개인적인 문제해결이 필요할 때(신상, 가정, 기타문제)
- 신병의 부대적응 및 동화가 필요할 때
- 사건 · 사고를 미리 예방하거나 이미 발생하였을 때
- 임무수행 과정상 수반되는 문제 해결 시(보직변경, 파견, 전출)
- 휴가복귀 및 전역 임박 시
- 부하의 동태를 지속적으로 파악해야 할 경우

나. 적절한 장소를 선정하라

상담 장소는 상담을 실시하는 데 방해가 되지 않도록 선정해야 한다. 주위가 산

만하거나 불편한 장소는 부하로 하여금 상담에 참여할 동기를 부여하는 데 장애요인이 된다. 그러므로 격의 없이 대화를 나눌 수 있는 아늑한 분위기의 장소가 필요하다. 또한 지휘관(자)실과 같은 공식적인 장소는 자체의 경직된 분위기로 대화의 개방을 유도하기 어렵기 때문에 자유롭게 문제를 논의할 수 있는 비공식적인 장소가 상담 장소로는 더 바람직하다. 부하들의 생활공간인 생활관, 식당 등도 좋으며 경우에 따라서는 옥외 휴게공간을 적절히 활용하는 것도 좋다. 단, 상담 중에 다른 사람이 출입한다든가 전화벨이 울리거나, 특히 요즈음 스마트폰의 전화벨, 카톡 등 각종 SNS의 알림음 등 주위가 시끄러우면 자연스러운 상담이 이루어지기 어려우므로 이 점을 유의해야 한다.

다. 적절한 시간계획을 세워라

가능하면 근무시간 중에 부하와 상담하는 것이 좋다. 근무시간 이후의 상담은 부정적인 의견 교환이 이루어질 가능성이 있다. 상담에 걸리는 시간은 상담 주제의 복잡성에 따라 다르지만, 일반적으로 1시간을 초과해서는 안 된다. 이상적인 상담시간은 30분이며 보통 1시간 이내가 좋다. 만일 30분 이상 넘어가면 다음에 다시 상담하는 것이 바람직하다. 너무 긴 상담시간은 비생산적이며 상담 주제에서 벗어날 가능성이 있다. 복잡한 문제를 갖고 있는 부하와의 상담은 1시간 내에 해결되지 않기도 한다. 이럴 땐 첫 대면 시 부하의 문제를 파악하는 것으로 만족해야 한다. 또한 상담시간을 결정할 때는 다른 업무들과 겹치지 않도록 시간을 안배하고, 상담 후에 경계근무 등 부하가 다른 중요한 임무가 예정되어 있는지 고려해야 한다. 상담 외에 중요한 일이 계획되어 있다면 부하는 주의가 산만해지고 상담에 집중할 수가 없게 된다.

라. 상담을 위한 정보를 수집하라

철저한 준비는 상담을 위한 필수요소이다. 주변의 모든 정보를 검토해야 하는데, 여기서는 상담의 목적, 부하에 대한 정확한 신상파악, 가능성 있는 문제의 식별 등이 포함된다. 부하의 생각과 생활태도를 정확하게 이해할 수 있는 정보와 자료를 수집하고, 부하의 장점과 단점, 우수한 점과 부족한 점에 대한 정보 등을 확보한다. 〈행정업무통합관리 신상관리 시스템과 생활지도관리기록부〉에서 분석 가능한 것을 예시해보면 다음과 같다.

행정업무통합관리신상관리 시스템과 생활지도기록부 분석요소

가정환경	◆가족 ■ 가정불화 가능성(부모의 나이 차이) →부모 이혼여부 판단 가능 ■ 종교의 영향(종교란) ■ 선천적 또는 후천적 질병 가능성 ■ 핵가족인 경우 자립심/ 개인주의 성향
	◆양친관계 ■ 가정불화 가능성(계부, 계모, 편모, 편부 등) →세밀한 상담 필요성 판단 ■ 양부모인 경우: 친부모의 사랑과 그리움 보유 ■ 부모와 별거: 경제적 어려움, 기타 특수 환경
	◆가족구성 ■ 독자: 개인주의/이기주의 경향 보유 가능 ■ 형제/자매: 공동체 생활 조기 적응 가능 ■ 장남: 책임감 보유 ■ 이복형제: 부모에 대한 불신감 보유 가능
	◆본인 ■ 분가: 가정불화 또는 불가피한 사정 확인 필요 ■ 결혼/ 동거/ 약혼: 군 생활에 미칠 영향 여부
	◆생활정도 ■ 주택/ 월수입: 경제적 수준 판단 가능 ■ 수입원: 가정 분위기/ 생활정도
학교생활	◆ 학력 ■ 학력 수준 → 신상파악/ 상담 수준 판단 ■ 재수여부: 개인적 좌절감/ 위기감 경험여부 판단 ■ 중퇴이유: 집단생활 부적응 사례 → 세밀한 상담 필요
	◆ 학교생활 ■ 낙제: 지적 수준이 낮은 병사로 판단 가능 ■ 정학/ 퇴학: 학교생활 부적응 경험 보유 → 세부적인 상담 필요 ■ 장기결석: 과거 질병 또는 기타 사유로 결석 → 사유 확인/ 군 생활에 미치는 영향 여부
개인특성	◆ 신 체: 신체적 결함 파악 가능(작은 키, 비만, 기타 등) → 결함에 따른 피해의식 상담 필요

<table>
<tr><td rowspan="2"></td><td>◆ 입원치료: 과거 앓았던 질병 파악 가능
→ 현 재 영향 여부 파악 필요
◆ 취 미: 개인적인 특성 파악 가능(잠재능력)
◆ 특 기: 병영생활 간 활기 부여 가능
◆ 기 호: 개인적인 특성 파악 가능
◆ 종 교: 종파 및 신앙 정도 파악 가능
◆ 가출사례: 성장환경 및 성격 파악 가능
◆ 처 벌: 전과 및 소년원 복역 사실 확인 가능
→ 필요한 경우 관련 경찰서, 기관에 자료 요청</td></tr>
<tr><td>◆ 성격 및 특성
■ 내향성: 자신의 문제를 혼자 해결하려는 경향
■ 외향성: 활동적/ 주도적인 생활태도
■ 과 격: 성격이 급하고 말보다 행동이 선행
■ 주 벽: 음주 후 술버릇 보유
→ 음주 회식 시 대책 강구 필요
■ 폭 력: 부대활동간 폭력행위 유발 가능성 보유
■ 절 도: 도벽에 의한 도난사고 유발 가능
→ 개인적인 치부는 통상적으로 숨기는 경향
→ 세밀한 상담 및 개인기록 파악 노력 필요</td></tr>
<tr><td rowspan="5">병영생활</td><td>◆ 성격
■ 병영생활 간 나타나는 성격 관찰 결과
■ 각종 영향의 행동 양상 판단 가능
■ 부정적 성격 최소화/ 긍정적 성격으로 발전 유도</td></tr>
<tr><td>◆ 건강
■ 병영생활 간 나타나는 건강상태 관찰 결과
■ 긍정적/ 적극적 생활의 기본 조건임
■ 육체적 질병 보유 시 관심 있게 치료 보장</td></tr>
<tr><td>◆ 가정
■ 군 생활 간 가정상태 파악 가능
■ 부정적 영향을 미치는 요소 파악/ 대책강구</td></tr>
<tr><td>◆ 여자친구
■ 군 생활 기간 동안 영향을 미치는 여자관계 파악 가능
■ 탈영, 자살로 발전될 수 있는 가능성 사전 배제
■ 지속적인 관찰 및 관심 있는 상담 필요</td></tr>
<tr><td>◆ 임무수행
■ 훈련 상태: 훈련수준 파악 가능
■ 책임감: 분대장 요원 선발 기초 자료
■ 복종심: 소대 임무수행에 미치는 영향 판단
■ 상 · 벌: 현재까지의 군 생활의 충실도 판단 가능</td></tr>
</table>

마. 개략적인 상담 계획서를 작성하라

획득한 정보를 활용하려면 상담 간에 무엇을 이야기 할 것인가를 결정해야 한다. 지휘관(자)은 상담을 효과적으로 유도할 수 있는 방법이 무엇이며, 상담을 통해 무엇을 달성하고 상담자로서의 역할은 무엇인가에 대한 개략적인 계획을 작성해야 한다. 또한 상담 중에 부하 중심으로 상담을 이끌어 나갈 수 있는 적절한 말과 질문을 준비해야 한다.

바. 상담전략을 세워라

상담전략은 상담자인 지휘관(자)과 피상담자인 부하, 상담의 문제 등에 따라 모두 다르다. 상담 접근방법은 지시적, 비지시적, 그리고 절충식 접근방법이 있다. 이러한 접근방법은 사용하는 기술에 있어 차이가 있지만, 상담을 실시하는 목적에 있어서는 유사하다. 당시 상황과 부하에 적합한 상담전략을 사용하면 된다.

1) 지시적 방법

부하의 문제를 해결하는데 있어 지휘관(자)이 방법을 지시하고 부하로 하여금 지시에 따르도록 하는 방법이다. 시간이 급박하거나 수행해야 하는 임무의 내용을 지휘관(자)만 알고 있는 경우, 또는 부하의 문제해결 능력이 제한되는 경우에 유용하다. 이 방법은 상담 효과가 신속하다는 특징이 있으나, 주의할 것은 부하들이 자신의 고민사항을 해결하기보다는 훈계 위주의 일방적인 이야기만 듣고 돌아가는 수도 있다.

2) 비지시적 방법

문제해결에 필요한 정보나 해결방법의 열쇠를 부하가 쥐고 있는 경우에 유용한 방법이다. 지휘관(자)은 문제의 핵심을 파악하여 적극적으로 조언해 주지만, 행동 결정은 부하 스스로 할 수 있도록 하는 부하 중심적인 상담방법이다. 지휘관(자)이 조언하는 과정에서는 그가 경험한 통찰력과 판단을 이용한다. 부하에게 상담 과정을 알려주고, 기대되는 것이 무엇인지를 설명해 줌으로써 부하가 상담에 적극적으로 참여토록 해야 한다.

3) 혼합적 방법

지시적인 방법과 비지시적인 방법을 혼합하여 사용하는 방법으로 지휘관(자)은 보조역할을 하면서 부하가 스스로 문제를 해결하도록 하는 방법이다. 한 명의 부하에게만 계속적인 관심을 가질 수 없는 군 업무의 다양성을 고려해 볼 때, 군에서 가장 선호되는 상담 방법이다.

상담방법별 장단점

구 분	장 점	단 점
지시적 방법	■ 가장 신속한 문제해결 ■ 문제해결 능력이 부족한 부하에게 도움 ■ 상담자의 경험을 최대 활용	■ 부하의 성숙을 격려하지 않음 ■ 문제의 원인 치료보다는 증상을 치료하는 경향 ■ 지휘관이 일방적 해결책 제시
비지시적 방법	■ 부하를 성숙하게 함 ■ 상호개방적인 의사소통 촉구 ■ 부하의 개인적인 책임감 계발	■ 문제해결이 가장 느린 방법 ■ 상당한 수준의 상담기술 필요
혼합적 방법	■ 중간 정도의 신속성 ■ 부하의 성숙을 격려	■ 어떤 상황에서는 너무 많은 시간 소요

사. 적절한 상담 분위기를 조성하라

상담 시 적절한 상담 분위기는 지휘관(자)과 부하의 원활한 의사소통을 증진시킨다. 상담 장소의 조명은 부드러운 간접조명이 좋지만, 무조건 밝은 것보다는 다소 어두운 편이 마음을 차분하게 안정시킬 수 있다. 편안한 상담 분위기를 조성하기 위해 부하에게 차 한 잔을 대접하고 시작하는 것도 좋다.

상담 장소에 위치한 책상도 장애물로서 작용할 수 있기 때문에 부하와 좌석에 앉을 때도 의자배치에 신경을 써야 한다.

의자배치에 따른 상담효과

구 분	의 미	사 용 시 기
☺■☺	경쟁	▪첫 대면하는 부하와 최초 상담 시 ▪교섭 또는 중요한 용건을 말할 때
☺■☺	협력	▪한 명의 부하와 장시간 심도 깊은 상담 시 ▪부하가 상급자에게 제안, 의논할 때
■☺☺	공동작업	▪같은 임무를 함께 수행할 때

아. 사전에 부하에게 알려주어라

부하 중심의 상담을 위해서는 지휘관(자)뿐 아니라 부하도 상담에 임할 수 있는 준비 시간이 필요하다. 부하는 상담이 왜, 어디서, 언제 이루어질 것인가를 알고 있어야 한다. 상담을 시작하기 전에 상담의 목적과 개략적인 소요시간 등을 알려주어 부하가 편안한 마음을 갖고 이야기 할 수 있도록 분위기를 조성하여야 한다.

2 상담의 실시

지휘관(자)은 상담과정에서 융통성을 가져야 한다. 상담은 종종 일상생활 속에서 부하와 접촉하면서 자연스럽게 발생하곤 한다. 이처럼 상담은 훈련장소나 내무반에서, 혹은 경계근무 간에 부하들이 임무를 수행하고 있는 어느 곳에서나 실시할 수 있다. 지휘관(자)은 부하들의 반응을 유발시킬 수 있는 자연스러운 상담을 적절히 진행할 줄 알아야 하며, 다음과 같은 진행방법을 통해 상담을 진행한다.

가. 가능한 한 상담초기에 치료적 관계(rapport: 친밀적 · 공감적 관계)를 형성한다.

부하의 현재 심적 상태나 문제점을 단도직입적으로 물어 보기 전에 부하 신상에 대해 물어보면서 시작하는 것이 무난하다. 가령 현재 맡고 있는 임무는 어떤지, 어떤 학교를 다녔는지, 좋아하는 것은 무엇이고, 취미가 무엇인지 등을 먼저 물어본다. 범인 심문하듯이 하지 말고, 진심으로 알고자 하는 마음으로 물어본다는 인상을 주도록 한다. 친밀감과 신뢰감이 생겨났다고 생각될 때, 문제가 무엇인지, 무엇 때문에 상담하게 되었는지를 묻는 것이 좋다.

나. 주로 문제되는 것이 무엇인지 결정한다.

무엇이 문제인지가 명확한 경우가 있다. 가령 어떤 문제가 있는데, 아무도 분명한 설명을 못해서 왔다든가 하는 경우이다. 반면 문제되는 것이 무엇인지가 분명치 않아 지휘관(자)이 몇 가지 질문을 더 해 보아야 하는 경우도 있다. “나도 모르겠습니다. 소대장이 중대장님에게 가보라고 해서 왔습니다.”, “소대생활에 문제가 좀 있어서 왔습니다.” 등 애매한 경우에는 “소대장은 무엇을 문제라고 여기느냐” 혹은 “소대에서 무슨 문제가 있었느냐” 등 추가 질문이 필요하다.

다. 문제에 대한 여러 가지 가능성을 진단한다.

주로 문제되는 것을 중심으로 잠정적인 결론을 내리고, 좀 더 구체적이고 상세한 질문을 통해 여러 진단의 가능성을 채택하거나 배제한다. 일단 부하의 문제가 결정되면 지휘관(자)은 문제의 원인들을 판단해 본다. 또한 행동상의 무슨 특징이 있는지 혹은 주변 사람들의 죽음이나 이별 경험 등까지 고려해야 한다.

라. 애매한 답변은 반드시 확인한다.

애매한 말에 대해서는 그 진의를 반드시 명확히 짚고 넘어가도록 한다. 어떤 부하들은 질문에 대하여 분명한 대답을 잘 못하는 경우가 많다. 혹은 모든 질문에 대하여 “예”, “아니요”로 대답하기도 한다. 이런 경우에는 부하의 경험을 분명하게 이야기하도록 반복해서 질문해야 한다.

마. 자살에 대해 물어보기를 잊지 말아야 한다.

문제가 심각하거나 자살의 우려가 있는 부하가 있다면, 질문하기 거북하더라도 자살에 대한 질문을 반드시 해야 한다. 단 접근 방식을 단도직입적인 것보다는 점진적인 것이 좋다. 가령 “때론 부대생활 하기가 힘들 때 있지?”로 시작해서 점차적으로 직접적인 질문을 하고, 나중에는 “목숨을 끊을 생각을 해 본 적이 있니?” 질문해 본다. 그렇다고 인정하면 구체적인 자살 방법이나 자살 경험까지 물어본다.

바. 상담 종료 시에는 부하에게 질문할 기회를 준다.

상담을 하고 나서 부하에게 질문할 기회를 줘야 한다. 부하의 질문을 통해 그가 무엇을 염두에 두고 있는지를 알 수 있으므로 지휘관(자)은 상담에 대한 간접적인 도움을 받을 수 있다.

사. 상담 종료 시 가능한 부하에게 믿음과 희망을 준다.

많은 정보를 제공해 준 데 대하여 감사해 하고, 이야기를 잘해 준데 대하여 칭찬해 주는 것이 좋다. 이제는 문제를 훨씬 잘 이해할 수 있게 되었다고 말해주고, 도울 수 있도록 최선을 다하겠다고 한다. 해결 가능하다는 생각이 들면, 그 방법을 바로 설명해 준다. 첫 상담 후 문제해결에 대하여 아직 확실하지 않다면, "오늘 많은 것을 알게 되었으나, 결론에 도달하려면 아직도 더 알아보아야 할 것들이 남아 있다."고 말해 주는 것이 좋다.

아. 상담 간 내용을 기록한다.

기록은 반드시 필요하다. 기록은 지휘관(자)의 기억을 도울 뿐 아니라, 지휘관(자)의 생각을 정리하는 데도 도움을 준다.

➔ 상담 간 바람직한 질문과 그렇지 못한 질문의 유형

□신체적 걱정: 현재의 신체건강에 대한 걱정 정도
- 어디 몸이 아픈 데는 없나?(O)
- 아침(점심, 저녁)에 밥은 먹었나?(O)
- 보기에 말짱한데, 뭐가 아프다고 그러는 거야?(X)

□불안: 불안, 긴장, 두려운, 공포 또는 걱정
- 요즈음, 혹시, 불안하거나 초조한 기분이 느껴질 때가 있니?(O)
- 별로 떠올리고 싶지 않은 생각이 자꾸만 생각나 괴로운 적은 없니?(O)
- 너 죄지은 거 있냐? 왜 그리 불안해 하냐?(X)

□우울: 우울한 기분과 인지를 포함
- 요즈음, 혹시, 우울하다거나 불행하다고 느낀 적이 있는가?(O)

- 최근에 다른 사람들로부터 멍하니 있다는 지적을 받은 적이 있는가?(O)
- 말 한마디 했다간 울겠다(X)

□ 자책감: 과거의 행동에 대한 몰두나 후회
- 지금 돌이킬 수 있다면, 그렇게 하고 싶은 일이 있는가?(O)
- 하지 말았어야 했다던가, 꼭 했어야 하는데 하지 못한 일이 있는가?(O)
- 시간 없으니까 빨리 털어나 봐, 뭘 잘못해서 여기까지 온 거야?(X)

□ 적개심: 원한, 경멸, 호전성, 위협, 논쟁, 싸움, 기물파괴
- 최근에 다른 사람 때문에 속상하거나 화가 난 적이 있는가?(O)
- 최근에 다른 사람과 말다툼하거나 싸운 적이 있는가?(O)
- 왜 가만히 있는 사람 치고 난리냐? 네가 무슨 폭력배냐?(X)

□ 의심: 타인이 악의적 행동이나 차별적 행동을 한다는 생각
- 혹시, 누군가 미워하거나 괴롭히는 사람이 있는가?(O)
- 누군가 비웃는다고 느낀 적이 있거나 욕을 하고 다닌다고 생각되는 사람이 있는가?(O)
- 뒤통수가 따갑냐?(X)

3 후속조치 및 평가

상담이 끝났다고 해서 지휘관(자)의 임무가 완전히 종료된 것은 아니다. 후속조치를 취하는 것이 매우 중요하다. 상담결과를 기록하고, 문제가 심각한 경우 지휘계통으로 보고하거나 관련 부서와 협조하여 부하가 적절한 조치를 받을 수 있도록 해야 한다. 그리고 문제가 잘 해결되고 있는지 또는 문제해결에 필요한 적절한 조치가 취해지고 있는지를 확인하기 위해 지속적으로 행동계획을 평가하여야 한다. 행동계획의 이행과 평가를 통해서 상담이 계속 피드백 된다는 사실을 명심한다. 부하의 행동과정을 관찰하고 평가하여 필요시에는 행동계획을 수정한다. 행동계획 평가 후에 후속 상담, 관련 부서나 상담자(군종장교, 군의관 등) 소개, 지휘계

통에 정보 제공, 그리고 정확한 조치 채택 등의 추가 조치를 취할 수 있다. 그리고 상담 중에 나온 내용은 〈행정업무통합관리 신상관리 시스템〉에 입력한다.

상담기록의 이점

- 부하의 문제에 관련된 내용을 상급 지휘관에게 정확히 알리도록 해줌
- 부하를 위한 유용한 행동지침 제공
- 후속 상담 시 관련 정보 제공
- 어떤 공식적인 조치가 필요로 할 때 유용한 관련 정보 제공

제3장

상담의 실제(II): 문제유형별 상담기법

제1절 문제의 발견

제2절 문제유형별 상담모델

제1절 문제의 발견

1 문제의 유형

군내에서 보편적으로 나타나는 문제점들은 가정문제, 이성문제 등 일반적인 요인에 의한 문제들과 군대라는 특수성으로 인해 야기되는 복무부적응의 문제들, 그리고 정신증, 신경증 등 이상심리나 정신병적인 요인으로 일어나는 문제들로 크게 나눌 수 있다. 이렇게 부하들이 겪고 있는 문제들 중에서 이성문제와 가정문제, 복무부적응과 대인관계, 성격문제, 그리고 성 문제는 일반적으로 많이 안고 있는 문제들이며, 무엇보다 이에 대한 지휘관(자)의 상담이 필요하다. 이때 지휘관(자)은 부하들의 문제를 어떻게 하면 조기에 발견하고 예방할 것인가를 강구하는 것이 매우 중요한 과제이다.

가. 일반적인 요소에 의한 문제

- 가족문제
- 재정문제
- 상실문제
- 이성문제
- 성문제
- 질병문제
- 중독문제
- 진로문제
- 대인관계 문제
- 부정적 자아상
- 열등감

나. 복무부적응에 의한 문제

- 불안
- 분노
- 스트레스
- 자살
- 군무이탈
- 갈등
- 구타 및 가혹행위
- 집단따돌림(왕따)
- 우울증
- 부대생활 문제

다. 이상심리에 의한 문제

- 정신증
- 정신분열증
- 신경증
- 인격장애
- 화병(울화병)

2 관심병사 식별방법

어떤 부하와 상담할 것인가? 누구를 상담 대상으로 삼을 것인가? 는 매우 중요한 문제이다. 문제를 안고 있는 부하를 식별하기 위한 방법 중에서 다면적 인성검사(MMPI), 성격유형검사(MBTI), 이고-오케이그램(Ego-Okgram), 동적 집 · 나무 · 사람 그림검사(KHTP), 문장완성검사(SCT) 등 전문적인 심리검사 도구는 군종장교나 전문가들이 주로 사용한다. 야전에서 지휘관(자)들이 쉽게 활용할 수 있는 방법은 신체상, 감정상, 행동상의 징후로 판단하는 것이다. 이러한 징후에 대한 면밀한 관찰로 관심병사를 1차적으로 식별해 낼 수 있다. 보다 정확한 식별을 해야 할 때는 야전에서 시스템화 되어있는 신인성검사를 실시한다.

가. 1차 식별 단계

1) 자 살

가) 신체/감정상의 징후

- 말수가 적어지고 대화 회피
- 매사에 의욕을 잃고 쉽게 짜증을 냄
- 한밤중에 잠을 못 이룸
- 비정상적 언행(폭언, 과격행동 등)
- 무언가에 쫓기듯 초조하면서 안절부절 못함
- 우울증

나) 행동상의 징후

- 자살의사 표현이나 자해
- 수첩이나 노트 등에 삶을 비판하는 말 등을 기록
- 주변 사람들에게 유서 형태의 글을 씀

- 갑자기 사물함 정리
- '죽어버리면 그만이다'라는 말을 되풀이
- 죽음을 합리화하고 세상을 저주하고 비관함

다) 필수 확인사항

- 자살의사 표현
- 최근의 상실 또는 이별
- 과거의 자살기도
- 과거의 정신과 입원치료 경험
- (장기간 지속되는) 우울증

참고사항

부하가 우울증상을 보일 때는 항상 자살 의도나 자살생각에 대해서 물어봐야 한다. 자살로 생명을 끊은 사람들 10명 중 8명은 그들의 자살의도를 경고하였으며, 그들의 50%는 분명히 죽기를 원한다고 이야기했다. 만약 부하가 자살계획을 갖고 있다면 특별히 위험한 징후이다. 자살의 위험을 보이던 부하가 과거보다 조용하고 침착해지면 이 역시 불길한 징후이다.

2) 우울증

가) 신체/ 감정상의 징후

- 정상적으로 즐거움을 주는 활동이지만 아무런 흥미를 못 느낌
- 정상적으로는 즐거움을 느낄 수 있는 주변 상황과 사건에 대한 감정상 무반응
- 우울한 기분
- 심한 식욕의 감퇴
- 체중감소(지난 한 달간 체중의 5% 또는 그 이상 감소)
- 심한 성욕의 감퇴
- 집중력과 주의력이 감소하고 실수를 많이 함
- 자존심과 자신감의 감소
- 죄의식과 쓸모없다는 느낌
- 미래를 황량하고 비판적으로 바라봄
- 자해나 자살행위 혹은 생각

- 취미/ 운동/ 외출이 현저하게 줄어듦
- 이전과 비교해 표정이 어둡고 활력이 떨어짐

나) 행동상의 징후

- 수면장애(평소보다 2시간 이상 아침 일찍 깨어남)
- 초조한 행동
- 아침에 우울증상이 더 심해짐
- 음주량이 늘어남
- 몸이 아프다는 말을 자주 함
- 지각/ 조퇴/ 결근이 증가함

다) 필수 확인사항

- 우울증의 진단은 최소한 2주 이상 지속되어야 함

3) 스트레스

가) 신체 · 감정상의 징후

- 소화가 되지 않고 어지러움, 두통 및 편두통 호소
- 어깨근육의 긴장, 혈압증가, 발한, 설사, 사지의 저림, 소변 마려움
- 면역기능의 약화로 감기에 쉽게 걸림
- 과호흡(갑자기 숨을 몰아쉬며 실신), 발작, 신경성 위염, 위궤양, 협심증, 심근경색, 부정맥, 과민성 대장 증후군, 고혈압, 궤양성 대장염, 간질환, 성기능 장애

나) 행동상의 징후

- 몸을 덜덜 떨거나 불안해하는 등 안절부절 못하고 초조한 모습
- 갑작스레 화를 내거나 폭력적이 됨
- 이유 없이 우는 등 우울한 모습을 보임

다) 필수 확인사항

- 문제원인(갈등상황, 생활변화, 일상의 골치 아픔 일 등)
- 신체상의 질병에 대한 정확한 진단

나. 2차 식별단계

부하의 신체상, 행동상의 증후를 면밀히 파악한 후, 더욱 정확한 식별을 위하여 심리검사를 활용한다. 심리검사란 '인간의 행동을 객관적으로 표집하고 관찰하는 체계적인 절차'라고 할 수 있다. 인간의 행동은 겉으로 드러나는 행동과 겉으로는 쉽게 관찰되지 않으나 인간의 마음속에서 일어나는 행동으로 구분할 수 있다. 심리검사를 통해서 부하의 모든 면을 알 수는 없으나, 검사는 객관적이고 가치 있는 자료를 제공하는 데 그 의미가 있다. 이와 관련되어 다양한 검사를 활용할 수 있지만 문장완성검사(SCT)를 바탕으로 기본적으로 병사의 감춰진 생각을 알 수 있다. 작성된 문장완성검사의 내용을 읽어본 후, 부하가 주로 두려워하는 것이 무엇인지, 자신을 둘러싼 가족관계는 어떤지, 생활환경이 어떤지, 자신에 대한 생각이 어떤지를 전반적으로 이해할 수 있고, 이 내용을 바탕으로 좀 더 명확하고 구체적인 질문을 할 수 있다.

요즈음은 문장검사는 주로 군종장교나 병영생활전문상담관이 주로 사용하므로 검사를 의뢰한 다음 확인하고 야전에서는 주로 신인성검사와 스트레스, 인터넷중독, 우울증 등을 실시한 후 지표로서 확인이 가능하다.

➡ 문장완성검사(SCT) 예시

※ 다음의 기술된 문장은 뒷부분이 빠져 있습니다. 각 문장을 읽으면서 맨 먼저 떠오르는 생각으로 뒷부분을 이어 문장이 완성되도록 하면 됩니다. 시간제한은 없으나 되도록 빨리 하십시오.

1. 나에게 이상한 일이 생겼을 때 ______________________
2. 내 생각에 가끔 아버지는 ______________________
3. 우리 윗사람들은 ______________________
4. 나의 장래는 ______________________
5. 어리석게도 내가 두려워하는 것은 ______________________
6. 내 생각에 참다운 친구는 ______________________
7. 내가 어렸을 때는 ______________________
8. 나를 괴롭히는 것은 ______________________

9. 내가 바라는 여인상(女人像)은 ______________________
10. 남녀가 같이 있는 것을 볼 때 ______________________
11. 내가 늘 원하기는 ______________________
12. 다른 가정과 비교해서 우리 집안은 ______________________
13. 나의 어머니는 ______________________
14. 무슨 일을 해서라도 잊고 싶은 것은 ______________________
15. 내가 믿고 있는 내 능력은 ______________________
16. 내가 정말 행복할 수 있으려면 ______________________
17. 어렸을 때 잘못했다고 느끼는 것은 ______________________
18. 내가 보는 나의 앞날은 ______________________
19. 대개 아버지들이란 ______________________
20. 내 생각에 여자들이란 ______________________
21. 다른 사람들이 모르는 나만의 두려움은 ______________________
22. 내가 싫어하는 사람은 ______________________
23. 내가 소대장이 된다면 ______________________
24. 우리 가족이 나에 대해서 ______________________
25. 내 생각에 남자들이란 ______________________
26. 어머니와 나는 ______________________
27. 내가 저지른 가장 큰 잘못은 ______________________
28. 언젠가 나는 ______________________
29. 내가 바라기에 아버지는 ______________________
30. 나의 야망은 ______________________
31. 윗사람이 오는 것을 보면 나는 ______________________
32. 내가 제일 좋아하는 사람은 ______________________
33. 내가 과거로 돌아간다면 ______________________
34. 나의 가장 큰 결점은 ______________________
35. 내가 아는 대부분의 집안은 ______________________
36. 자살에 대해 심각하게 ______________________
37. 내가 성관계를 했다면 ______________________
38. 부대를 벗어나고 싶다는 충동을 느낄 때는 ______________________

39. 대개 어머니들이란 ______________________________
40. 내가 잊고 싶은 두려움은 ______________________________
41. 내가 평생 가장 하고 싶은 일은 ______________________________
42. 내가 견디기 어려운 것은 ______________________________
43. 때때로 두려운 생각이 나를 휩싸일 때 ______________________________
44. 내가 없을 때 친구들은 ______________________________
45. 어린 시절의 생생한 기억은 ______________________________
46. 무엇보다도 좋지 않게 여기는 것은 ______________________________
47. 고참을 보면 ______________________________
48. 내가 어렸을 때 우리 가족은 ______________________________
49. 나는 어머니를 좋아했지만 ______________________________
50. 아버지와 나는 ______________________________

※ 가정환경, 군대생활, 이성문제, 대인관계, 자아개념 등 각 영역에 대한 여러 개의 문항을 통해 피검사자는 의식 이전의 무의식적인 생각과 감정을 자연스럽게 드러낸다. 검사자는 검사결과 반복되는 핵심단어를 통해 현재 피검사자의 반응을 종합할 수 있다.

문제유형별 상담모델

본 절에서는 군대라는 특수한 상황에 있는 병사들이 상담을 요청할 수 있는 대표적인 10가지 문제유형을 선정하여, 각 유형별 특징과 원인 및 적절한 상담자에 대해 기술하였다. 또한 다양한 상담기법을 활용하여 각 유형별로 적절한 상담방법 및 상담 후 조치요령 등을 모델화하여 제시하였다(김완일, 군상담의 이론과 실제, 2006, pp.343~368).

1 이성문제 상담

성이 개방화되고 신세대들의 이성관계에 대한 가치관이 변화되면서 이성관계에 대한 사고는 줄어들고 있는 추세이기는 하나 군 복무 중인 병사들 중에는 이성문제 때문에 무단이탈을 하거나 군 생활에 심한 부적응을 겪거나 심지어는 자살을 시도하는 사례가 있다. 이성문제로 어려움을 겪는 병사들을 도와줄 수 있는 상담방법을 알아본다.

가. 식별 방법 및 특징

- 애인에게서 자주 오던 편지가 중단된다.
- 여러 가지 이유를 들어 외부에 자주 전화를 하거나 청원휴가 등을 요청한다.
- 갑자기 식욕이 떨어지고 매사에 의욕을 보이지 않는다.
- 마음의 평정을 잃고 불안한 모습을 보이며 주어진 업무에 대해 집중을 하지 못한다.
- 가까운 동료에게 무단이탈을 하거나 누군가를 죽여 버리겠다는 말을 한다.

나. 대표적 유형 및 원인

- 일방적으로 여자 친구로부터 연락이 두절되거나 여자 친구가 이별을 통보하는 편지나 연락을 받은 경우
- 여자 친구가 면회를 자주 오는 데 병사가 면회를 피하거나 면회 중에 심하게 다투는 경우
- 여자 친구의 남자관계가 복잡하다거나 다른 남자와 사귀고 있는 경우
- 휴가 중에 여자 친구와 성관계로 임신했을 경우

다. 적절한 상담자

병사들과 비슷한 연령층이며 공감대를 쉽게 형성할 수 있는 소대장,부소대장이 상담자로 적절하다.

라. 효과적인 상담방법

1) 관계형성

상담자는 병사의 입장이 되어서 괴롭고 아픈 마음을 공감하며 간부의 생각을 강요하거나 병사의 생각을 평가하지 않고 있는 그대로 받아들이는 수용의 자세를 보인다. 예를 들어 "아무것도 손에 안 잡히고 당장 뛰쳐나가고 싶은 심정이겠구나!" 라고 할 수 있다.

2) 감정정화법

간부나 절친한 동료에게 괴로운 감정을 충분히 표현하여 괴로운 감정이 씻겨 내려가도록 하는 감정정화법을 적용한다. 예를 들면 "내가 직접적인 해결책을 제시해 줄 수는 없지만 함께 아파하고 네 이야기를 들어줄 수 있어.", "너의 괴롭고 아픈 마음을 다 털어 놓으면 좋겠구나! 내가 다 들어줄게." 등이 있다.

3) 자기노출

간부가 자기노출을 통해 비슷한 경험을 이야기하고 공감을 해 준다. 예를 들어 "그래! 너의 아픈 마음을 나도 느낄 수 있을 것 같아. 나도 애인에게 버림받고 죽고 싶을 때가 있었거든."이라고 할 수 있다.

4) 비합리적 사고의 교정

병사의 "절망적이고 살아갈 의미가 없다."라는 비합리적이고 자기 파괴적인 생각을 논박을 통해 "괴롭고 가슴 아프지만 받아들여야 한다."라는 합리적인 생각으로 바꿔주는 '비합리적 사고의 교정'을 시도할 수 있다. 예를 들면 "힘내. 애인과 비교할 순 없겠지만, 너를 좋아하는 사람들이 많잖아.", "이별이란 슬픈 것이지만 그만큼 성숙해지는 면도 있지.", "변심할 여자는 언젠가는 변심하게 되어 있어. 지금은 가슴 아프겠지만 어떻게 보면 나중에 결혼해서 자식 낳고 헤어지는 것보다 잘된 일인지도 몰라.", "여자 친구와 잘되면 좋겠지만 헤어지게 된다고 해서 '인생이 끝장이다'라는 생각은 너무 극단적인 것이 아닐까?"라고 할 수 있다.

5) 통 찰

군무 이탈이나 범법 행위의 현실적인 결과에 대해 진지하게 생각하도록 하며, 그러한 행위가 평생 돌이킬 수 없는 파멸로 이끈다는 사실을 주지시키는 방법을 활용할 수 있다. 예를 들어 "무단이탈해서 그 여자 친구를 해치고 나면 그 뒤에 어떤 일이 벌어질지 생각해 봐."라고 할 수 있다.

6) 강 화

현실적인 문제해결을 위해 최선을 다해 도와줄 것을 약속하고 도와주며, 문제해결을 위한 통찰이나 긍정적이고 현실적인 자세 등이 조금이라도 보일 때 적극적으로 칭찬해 주고 격려해 준다. 예를 들어 "그래. 그 여자 친구를 잊기 위해서 차라리 군 생활을 더 열심히 할 생각이라니 너무 기쁘고 대견하기 그지없구나!"라고 할 수 있다.

마. 부적절한 표현

이들과 상담할 때 사용하지 말아야 할 표현은 다음과 같다. “세상에 널린 게 여자다.”, “내가 다른 여자 소개시켜 줄게.”, “변심한 여자는 빨리 잊는 게 나아.”, “시간이 해결해 줄 거야.”, “남자가 여자 하나 때문에 뭘 그리 고민하냐!”, “그 여자는 너의 결혼상대가 아닌 것 같다. 빨리 잊어라.” 등이다.

바. 상담 후 조치 사항

- 친한 동료들을 활용하여 감정회복에 도움을 줄 수 있도록 한다.
- 실연, 애인 임신 등 상황에 따라 조치를 한다. 실연의 경우는 실연의 아픔을 겪고 일어선 주변 사람들과 이야기를 나눠보도록 주선을 한다. 애인이 임신한 경우 부모에게 통보하여 부모와 상의해 낙태, 결혼 등의 방법을 찾는다.
- 내담자가 직접 애인을 만나게 하기보다 상담자가 애인과 전화통화를 해 문제의 원인을 파악하고 내담자와 함께 적절한 해결책을 모색한다.

2 복무 부적응문제 상담

군 복무 중인 병사들 중에서 적응을 잘 하지 못해서 집단 따돌림을 당하거나 구타 등 가혹행위를 당하거나 부대를 무단이탈하거나 심지어는 자살을 하는 사례들이 있다. 복무 부적응문제로 어려움을 겪는 병사들을 효과적으로 상담하는 요령에 대하여 알아본다.

가. 식별 방법 및 특징

- 동료나 선임병 또는 후임병 등과의 대인관계를 기피하고 혼자 있기를 좋아한다.
- 정서적으로 불안정하고 자신감이 없으며 주변 사람들의 눈치를 심하게 본다.
- 매사에 의욕을 보이지 않으며, 근무에 태만하거나 주어진 일을 적당히 한다.
- 군 생활에 대한 불만을 동료에게 자주 토로하거나 얼굴이 긴장되어 있고, 어두우며 매사에 경직된 태도를 보인다.
- 선임병들에게 인정을 받지 못하고 집단 따돌림을 당한다.

나. 대표적 유형 및 원인

- 부대 전입 후 적응에 어려움을 겪는 경우
- 건강이 좋지 않아서 힘든 훈련이나 과중한 업무, 특수 임무 등을 수행하는 데 어려움을 느끼는 경우
- 특정 선임병의 횡포나 병영생활 부조리 등으로 인한 심리적 불안과 스트레스 때문에 군 복무에 적응하지 못하는 경우
- 주어진 임무와 역할이 본인에게 맞지 않거나 능력이 부족하여 감당하기 힘든 경우
- 개인적인 성격의 결함에서 오는 경우

다. 적절한 상담자

병사에 대한 전반적인 내용을 파악하고 있을 뿐만 아니라, 휴가 등에 관한 재량권이 있기 때문에 즉각적인 문제해결이 가능한 중대장이 상담자로 적절하다.

라. 효과적인 상담방법

1) 관계형성

복무 부적응으로 인해 겪고 있는 불안, 우울, 열등감, 무가치감, 고통 등의 감정에 대해 충분히 공감을 해 주어서 심리적인 안정감을 갖게 한다. 예를 들면 "정말 힘들었겠구나! 같이 좋은 해결 방법을 찾아보자", "그래! 그때 너를 괴롭히는 선임병들이 정말 원망스러웠겠구나!"라고 말할 수 있다.

2) 부정적 사고의 긍정화

병사의 자신감을 회복시켜 주기 위해서 긍정적인 측면과 장점을 찾아서 인정해 주고 부하의 인간으로서의 가치와 존엄성을 존중해 준다. 예를 들면 "너무 못하는 것만 생각하지 마라. 너도 잘하고 있는 게 있잖아.", "너는 잘하고 싶은데 뜻대로 안 되어서 힘이 들겠구나!"라고 할 수 있다.

3) 모델링

간부가 부대생활에 잘 적응하는 모델이 되어서 부하로 하여금 배우도록 하는 것

이 좋다. 예를 들면 "나 같으면 말이야 그 상황에서 이렇게 할 거 같은데……"라고 할 수 있다.

4) 대안 수립

복무 부적응의 원인을 정확히 파악하여 가장 바람직한 문제해결의 대안을 찾아 실행한다. 업무가 맞지 않는 경우는 개인의 특성과 장점에 맞는 직책으로 보직을 변경하여 환경을 변화시켜 준다(예: "네가 잘할 수 있는 것 중에서 너에게 맞는 보직을 같이 생각해 보자."). 능력이 부족한 경우 단계적으로 수준이 높은 업무를 제공하여 성공 경험을 쌓게 함으로써 업무 능력을 향상시키고 자기효능감을 증진시킨다(예: "이번에는 이 정도까지만 목표를 정해 놓고 해보자."). 개인적인 성격이 문제인 경우는 전문가에게 의뢰하거나 간부가 갈등 대상자의 역할을 하고 갈등 상황을 재현하여 부하로 하여금 해결책을 찾게 하는 역할연습 기법을 적용할 수 있다. 건강이 좋지 않은 경우는 치료를 받게 하며, 병영부조리가 원인인 경우는 부조리 자체를 근절시킨다.

5) 강 화

내담자가 긍정적으로 변화해 가는 모습에 대해 적극적으로 지지하고 격려해 주며, 진심으로 기뻐해 준다. 예를 들어 "노력하니까 되잖아. 정말 중대장이 더 없이 기쁘구나."라고 할 수 있다.

마. 부적절한 표현

이들과 상담할 때 바람직하지 않은 표현은 다음과 같다. "누가 너를 괴롭히니? 당장 영창에 보내야겠다.", "잘하려고 너부터 노력해야지, 그래야지 선임병들이 좋아할 것 아니야!", "군대에선 시키는 대로 하는 게 가장 현명한 거야. 지금 병장들도 다 너 같이 힘든 시절을 겪고 병장이 된 거야!", "군대는 다 그런 거야 참고 견디는 수밖에 없어.", "시간이 흐르면 다 해결될 거야." 등이다.

바. 상담 후 조치사항

■ 복무 부적응의 원인에 따라 병영생활 전문상담관, 군종 장교, 군의관 등과 상

담을 하도록 조치한다.

- 업무수행 중 지휘관(자)이 중간 중간 지도 및 격려를 해 준다.

3 전입 신병 상담

야전 지휘관(자)들은 일선 부대에 전입해 오는 신병들에 대해 의무적으로 상담을 실시하고 있다. 특히 신병교육대 수료 후 자대로 배치되는 과정에서 금요일 저녁에 지휘관(자)가 퇴근한 이후 도착하여 심리적으로 불안한 신병이 주말에 대기하지 않도록 해야 한다. 첫 단추가 중요하다는 말이 있듯이 신병에게 지휘관(자)의 첫인상은 매우 중요하다. 지휘관(자)들은 신병 상담 시 여러 가지 상담 요령들을 적절히 적용하여 상담함으로써 신병들로 하여금 앞으로 군 생활을 하면서 고민이 있을 때 찾아가서 도움을 받고 싶다는 마음을 갖도록 신뢰감을 주며, 군 생활에 대한 긍정적인 마음을 심어주고, 새로운 부대생활에 보다 잘 적응할 수 있도록 도와줄 수 있다. 이들에 대한 적절한 상담 요령을 알아본다.

가. 식별 방법 및 특징

- 새로운 부대에 대해 낯설어하며 어색해할 수 있고 매사에 미숙한 경향을 보인다.
- 주변 사람들의 눈치를 보거나 자신감이 없을 수 있다.
- 긴장되어 있고 불안해한다.
- 지휘관과 상담 시 개인적인 신상에 노출하는 것을 주저할 수 있다.

나. 상담의 목적

- 전입 신병과 친밀한 관계를 형성한다.
- 상담을 통해 신병의 장단점과 문제점을 파악한다.
- 생소한 부대 환경에 보다 잘 적응할 수 있도록 도움을 제공한다.

다. 상담자

자대 배치를 받은 모든 전입 신병들을 대상으로 소대장과 중대장 및 대대장은 상담을 실시하고 있다.

라. 효과적인 상담방법

1) 관계형성

상담을 시작할 때 신병을 따뜻하게 환영하고 부대를 소개하거나 파악된 개인 신상을 자연스럽게 이야기하는 것이 좋으며, 모든 신병들이 거쳐 가는 과정이라는 의례적인 느낌을 주거나 또는 궁금한 점에 대해서 심문하듯이 상담을 하면서 신병이 형식적으로 상담에 임하거나 불안감이 고조되어 솔직하게 말하지 않거나 지휘관의 질문만을 기다리는 수동적인 자세를 보일 가능성이 있다.

예를 들어 "군이라는 새로운 환경에 들어왔으니 낯설고 어색할 거야. 잘 적응하도록 도와 줄 테니까 우리 열심히 해보자!", "이곳이 네가 전역할 때까지 생활할 자대니까 가정이라고 생각하고 편안하게 마음먹어라!"라고 할 수 있다.

2) 정보제공

지휘관은 부대생활과 관련하여 도움이 될 만한 사항을 신병에게 이야기해 준다. 예를 들어 "도움이 필요하면 이 번호로 연락해라. 아니면 다른 방법은……."라고 할 수 있다.

3) 자기노출

지휘관은 적절한 자기노출을 통해 신병과 친밀한 관계를 형성할 수 있다. 예를 들어 "내 고향은 그 바로 옆이야! 반갑구나."라고 할 수 있으며 부모님과 전화통화하고 함께 식사 및 목욕 등으로 더욱 효과를 증대할 수 있다.

4) 모델링

지휘관이 상담 장면에서 먼저 편안한 모습을 보이며, 신병이 지휘관을 앞으로 군대생활의 본보기로 여길 수 있도록 본이 되는 모습을 보여주는 것이 좋다. 예를 들어 "나처럼 이렇게 편하게 앉아 봐라."라고 할 수 있다.

5) 가치의 우선순위화

상담을 통해 앞으로의 군 생활에서 무엇에 가치를 두고 지낼 것인지에 대해 생각해 보도록 한다. 예를 들어 "군 생활은 인생의 공백이라고 생각하지 말고 자기

계발의 기회로 삼아 여가시간을 활용해서 운동이나 공부 등 목표를 세우고 생활하는 것도 군 생활을 잘할 수 있는 한 가지 방법이 아니겠니?"라고 할 수 있다.

6) 긍정적 자기암시

군 생활을 성공적이고 만족스럽게 잘할 수 있을 것이라는 생각을 갖도록 해 준다. 예를 들어 "즐겁고 기쁘게 군 생활을 하는 너의 모습을 늘 마음속에 떠올리며 지내면 좋겠구나!"라고 할 수 있다.

7) 통제력의 유무 구별

군 생활에서 자신의 힘으로 어떻게 할 수 없는 부분에 대해서 스트레스를 최소화하려는 마음가짐을 갖도록 한다. 예를 들어 "피할 수 없으면 즐기라는 말이 있듯이 꼭 해야 하는 것이라면 긍정적으로 받아들이는 것이 어떨까 싶구나!"라고 할 수 있다.

8) 신상 파악

신병에 대한 상세한 신상 파악은 한 명의 간부가 실시하고 그 자료를 공유하는 것이 중복을 피할 수 있어서 좋으며, 병무청 인성검사(육군), KMPI(해군) 및 간편형 MMPI(공군) 결과 특이사항을 보이는 병사에 대해서는 관련 부분에 대하여 집중적으로 파악할 필요가 있다.

마. 부적절한 표현

신병과 상담 시 바람직하지 못한 표현은 다음과 같다. "요즘 군대가 얼마나 편해졌니? 적응 못하면 남자도 아니야!", "신병 때는 목소리가 크고 행동도 빨라야 한다. 그래야 선임병들이 좋아하니까.", "악랄한 선임병이 있으면 즉각 보고해라. 영창 보낼 테니까." 등이 있다.

바. 상담 후 조치 사항

- 상담 시 문제가 될 만한 징후가 식별되면 지속적으로 관찰을 해야 한다.
- 최초 상담 시 심각한 징후가 발견되면 지휘계통으로 보고하고 즉각적인 후속 조치(예: 전문적 상담)를 해야 한다.

4 가정문제 상담

군 복무 중인 병사들 중에서 가정문제 때문에 부대를 무단이탈하거나 심지어는 자살까지 하는 사례들이 있다. 가정문제로 어려움을 겪는 병사들을 효과적으로 상담하는 요령에 대하여 알아본다.

가. 식별 방법 및 특징

- 휴가나 외박 복귀 후 우울하고 불안해할 수 있다.
- 집에 전화를 자주 하고 청원휴가 등을 신청한다.
- 업무에 집중하지 못하며 안절부절못한다.
- 동료나 상급자에게 의존적인 태도를 보인다.
- 현역복무 부적합 판정[1]방법에 대해 주변 동료들에게 물어본다.

나. 대표적 유형 및 원인

- 부모의 이혼이나 별거로 가정생활이 불안정한 경우
- 가족 중 한 사람이 사망하거나 큰 사고를 당한 경우
- 집안이 극도로 가난하여 생계에 지장을 초래하는 경우
- 계모, 계부 슬하에 있는 형제들이 걱정되는 경우
- 가족 중 건강이 좋지 않은 사람이 있는 경우
- 가족이나 친척 간의 불화가 심한 경우

다. 적절한 상담자

행정보급관이나 주임원사가 상담자로 적절하다. 왜냐하면 그들은 연륜이 있기 때문에 직접적, 간접적으로 다양한 경험이 많으며, 이해받거나 사랑받기를 원하는 병사들을 부모처럼 따뜻하게 포용해 줄 수 있기 때문이다.

---

1) 현역복무에 적합하지 아니한 자(능력의 부족으로 당해 계급에 해당하는 직무를 수행할 수 없는 자, 성격상 결함으로 현역에 복무할 수 없다고 인정되는 자, 직무수행에 성의가 없거나 직무수행을 포기하는 자, 기타 군 발전에 저해가 되는 능력 또는 도덕성의 결함이 있는 자)를 전역심사위원회를 거쳐 현역에서 전역시키는 제도를 말한다.

라. 효과적인 상담방법

1) 관계형성

먼저 가정문제로 인해 겪고 있는 걱정, 불안, 우울, 고통 등의 감정을 충분히 공감하고 수용해 주어 신뢰할 수 있는 관계를 형성한다. 예를 들어 "얼마나 집안이 걱정이 되겠니? 아무것도 손에 안 잡히겠구나!"라고 할 수 있다.

2) 감정정화법

관계형성을 토대로 병사로 하여금 자신의 감정을 마음껏 표현하도록 하여 감정을 정화시킨다. 예를 들어 "지금 걱정되고 괴로운 마음을 내 앞에서 다 털어놓으면 좋겠다."라고 한다.

3) 통제력의 유무 구별

가정문제는 군에 있는 자신이 해결할 수 없는 자신의 통제력 밖에 있음을 받아들이게 한다. 예를 들어 "부모님 두 분 사이의 관계는 네가 어떻게 할 수 없는 부분이 아닐까?", "세상에는 아무리 애써 봐도 안 되는 일이 있는 것 같아!"라고 말한다.

4) 역할 연습

상담자가 내담자 역할을 하고, 내담자가 부모와 가족의 입장이 되어서 말하고 생각해 보도록 한다. 예를 들면 "지금 너의 부모님은 네가 어떻게 하기를 바라실 것 같니?", "네가 군 생활을 열심히 해서 아무 탈 없이 전역하는 것을 가족들이 바라지 않겠어?"라고 말할 수 있다.

5) 대안 수립

현실적으로 직접적인 문제해결 방법이 없을 때 상담자는 내담자와 함께 차선책이나 적절한 대안을 찾아 같이 노력한다. 예를 들어 "집에서 생계를 이끌어갈 사람이 없다면 다른 방법을 찾아보자."라고 말할 수 있다.

마. 부적절한 표현

이들과 상담할 때 바람직하지 않은 표현은 다음과 같다. "부모는 부모고 너는 너야. 네가 부모님 인생을 대신 살아 줄 수 없잖아.", "너는 네 인생을 열심히 살면 되는 거야!", "너희 집보다 더 불행한 가정도 많아!", "부모가 이혼한다고 다 죽으면 세상 사람의 거의 절반은 죽어야 할 거다." 등이다.

바. 상담 후 조치사항

- 부하가 가족과 연락이 되어 가족의 소식을 접할 수 있도록 조치한다.
- 집에서 오는 연락은 상담자와 상의하여 대책을 강구하도록 한다.
- 상담자가 가족과 연락하여 부하의 고민에 대해 의견을 교환한다.
- 필요할 경우에는 휴가 조치 등 부대 차원의 지휘 조치를 강구한다.

5 대인관계문제 상담

군 복무 중인 병사들 중에서 대인관계가 원만하지 않고 부적절하여 집단 따돌림을 당하는 사례들이 있다. 이들에 대한 상담 요령을 알아본다.

가. 식별 방법 및 특징

- 폭넓은 대인관계를 갖지 못하고 특정한 소수 인원들과 어울린다.
- 말이 거의 없고 매사에 소극적이며 자신감이 없어 보인다.
- 힘든 일에 열외하고 편하게 생활하려고 한다.
- 매사에 불평불만이 심하다.
- 병사들 사이에서 따돌림을 당한다.

나. 대표적 유형 및 원인

- 대인관계의 경험과 기술이 부족한 경우
- 이기적이고 자기중심적인 경우
- 상황과 조직의 특성에 맞게 대처하는 능력이 미숙한 경우
- 상급자, 하급자 및 동료와 불화가 잦은 경우

■ 매우 내성적이거나 말주변이 없는 경우

다. 적절한 상담자

상담자로는 소대장이나 부소대장이 적절하다. 왜냐하면 이들은 부하들을 항상 가까이에서 접하기 때문에 부하가 병영생활을 어떻게 하고 있고, 주변에서 어떻게 평가를 받고 있는지 등에 관한 전반적인 내용을 쉽게 파악할 수 있기 때문이다.

라. 효과적인 상담방법

1) 관계형성

부하의 현재 입장과 처지 및 심리적 상태에 대해 충분한 공감과 수용을 해 준다. 예를 들어 “네 주변에는 아무도 없는 것 같아 외롭겠구나!”, “아무도 너를 이해해 주지 않는 것 같아 힘들겠구나!”, “최 병장이 괴롭혀서 많이 힘들겠구나!”라고 말할 수 있다.

2) 통 찰

부하 스스로가 자신의 문제점을 깨닫도록 해 준다. 예를 들어 “주변 사람들이 어째서 너와 어울리려고 하지 않는지 모르겠구나!”, “주변에서 동료들과 잘 어울리는 사람들은 어째서 그럴까?”라고 말한다.

3) 대인관계 기술 훈련

상담자가 주변 전우가 되어 내담자와 역할 연습을 통해 대인관계 기술을 배우도록 한다. 예를 들어 “너의 말에 대꾸도 안하는 동료에게 뭐라고 말하면 좋을지 한번 생각해 보자.”라고 말한다.

4) 관점 변화

갈등 관계에 있는 상대방의 입장과 제 3자의 입장에서 생각해 보도록 함으로써 상대방을 어느 정도 이해할 수 있도록 한다. “그때 박 상병의 마음은 어땠을지 모르겠구나!”, “다른 사람이 그런 상황을 지켜본다면 과연 어떻게 느낄 것 같니?”라고 할 수 있다.

5) 긍정적 자기암시

대인관계를 잘 맺을 수 있다고 반복해서 생각하고 대인관계가 아주 원만한 자신의 모습을 상상해 보도록 한다. 예를 들어 "나는 초등학교 때 친구들과 잘 지냈잖아! 지금도 얼마든지 동료들과 잘 어울릴 수 있어!"라고 생각하고 말하도록 한다.

6) 대인관계 향상 집단상담

대인관계를 향상시킬 수 있는 집단상담 프로그램에 참여하도록 한다.

7) 강화 및 지지

상담 중에 자신의 문제에 대한 통찰을 보이거나 대인관계에서 노력하는 모습을 보일 때는 적극적으로 지지하고 격려해 준다. 예를 들어 "정 일병에게 먼저 말을 건넸단 말이지? 정말 대단한 용기를 냈구나!"라고 말한다.

마. 부적절한 표현

이들과 상담할 때 바람직하지 않은 표현은 다음과 같다. "남자라면 다 싸우지. 안 그래?", "그런 경험을 통해 인간은 성숙해 가는 거야! 인생의 약으로 생각해!", "좀 더 마음을 열고 적극적으로 전우들을 대하면 어때?", "먼저 사과하는 사람이 용기 있고 이기는 거야!", "너만 아는 이기적인 마음이 문제가 아닐까?" 등이다.

바. 상담 후 조치 사항

- 제3자인 분대장을 조용히 따로 불러 특정인을 지칭하지 말고 생활반 분위기 조성과 원만한 인간관계 형성에 좀 더 신경을 쓰도록 촉구한다.
- 간접적인 문제해결을 도모한다. 즉 선임병과 갈등이 심할 경우 상담 사실을 선임병에게 알리지 말며, 선임병에게 부조리가 있을 경우 조치를 취하되 내담자를 익명으로 처리함으로써 비밀보장을 해 주어 내담자에게 피해가 가지 않도록 조치한다.
- 내담자가 변화해 가는 모습에 지속적인 관심과 격려를 보이도록 한다.

6 성격문제 상담

군 복무 중인 병사들 중에서 성격문제로 인하여 사람을 피하거나 매사에 의욕이 없거나 대인관계에서 피해의식이 있거나 감정조절을 잘 못하는 경우들이 있어서 집단 따돌림을 당하거나 심한 경우에는 자살을 하는 사례도 있다. 이들에 대한 상담 요령을 알아본다.

가. 식별 방법 및 특징

- 매사에 부정적인 말을 하고 의욕이 없으며 자기비하와 자기 탓이 심하다.
- 자신에 대한 비판에 민감하며 자신과는 상관없는 일들에 피해의식과 불안한 반응을 보인다.
- 사람을 피하고 혼자 있으려고 하며 의존적이고 소극적인 태도를 보인다.
- 흥분을 잘하고 감정기복이 심하며 말을 직설적으로 하여 말다툼이 잦다.
- 몸이 아프다는 호소를 자주하고 힘든 일에 열외하려고 한다.
- 중요한 일을 앞두고 지나치게 걱정과 염려를 한다.

나. 대표적 유형 및 원인

- 부모의 무관심이나 애정결핍으로 인해 자존감이 부족한 경우
- 부모의 과잉통제나 억압 및 학대로 인해 적개심과 반항심이 내재된 경우
- 부모의 과대평가나 과잉보호로 인해 이기적이고 타인에 대한 배려가 부족한 경우
- 어릴 때 충격적인 경험(예: 부모 사망, 성추행 등) 등으로 자신감이 부족한 경우
- 힘든 일을 모면하거나 타인의 관심을 받으려는 욕구 때문에 신체증상을 호소하는 경우
- 주위 사람들에게 마음의 상처를 많이 받은 경우

다. 적절한 상담자

일차적인 상담자로는 소대장과 부소대장이 적절하다. 왜냐하면 이들은 이 병사들을 항상 접하기 때문에 병사를 면밀히 관찰하고 파악할 수 있어서 단순히 성격

적인 문제인지 정신과적인 문제인지를 판단할 수 있다. 만성적인 성격문제이거나 정신증의 경우에는 기본권 전문상담관 등의 전문가에게 의뢰한다.

라. 효과적인 상담방법

1) 관계형성

부하의 현재 심정에 대해 충분히 공감과 수용을 해 준다. 예를 들어 "너도 그러고 싶지(불안, 우울, 걱정, 예민, 감정 폭발 등) 않은데 잘 되지 않아서 괴롭겠구나!", "동료들에게 감정을 다 표현하고 나서 나중에 후회했겠구나!"라고 할 수 있다.

2) 근육이완훈련

내담자의 긴장과 불안을 해소시키기 위해 머리에서 발끝까지 근육이완법을 실시한다.

3) 비합리적 사고의 교정

자신에 대한 무가치감과 절망감 등의 비합리적 사고를 논박해서 합리적 사고로 바꿔 준다. 예를 들어 "매사에 완벽을 추구하면 힘들 수도 있는데…….", "과연 실수하지 않는 사람이 이 세상에 존재할까?"라고 할 수 있다.

4) 부정적 사고의 긍정화

관계형성을 통해 어릴 때의 충격적인 경험을 이야기하도록 함으로써 부정적인 감정을 정화시키고, 부정적 사고(자기 탓, 낙인찍기, 부정적·당위적 사고 등)를 긍정적인 사고로 바꿔 준다. 예를 들어 "너에게 정말 부정적인 면만 있는 걸까?", "네가 잘하는 면은 없을까?"라고 할 수 있다.

5) 부적 벌 및 통찰

정신적인 스트레스와 책임 회피를 위한 신체증상의 호소에는 무관심을 보이며, 심리적인 원인에 대한 통찰을 유도한다. "혹시 심적인 부담이 커서 몸이 아픈 건 아닐까?", "사람은 정신이 육체를 지배할 수도 있는데 말이야!"라고 할 수 있다.

6) 현실 직면

자신의 생각(예: 신체증상, 피해의식, 걱정, 공상 등)을 현실 속에서 확인하도록 한다. 예를 들어 "이 상병이 정말 그렇게 말했는지 이 상병에게 직접 물어볼 수도 있는데 말이야!"라고 할 수 있다.

7) 대안 수립

문제증상에 대한 해결책과 대처 방법을 모색한다. 예를 들면 "좀 더 적극적으로 살고 싶은데 잘 안 되지? 우리 같이 좋은 방법을 찾아보자.", "무엇 때문에 그렇게 일을 앞두고 심하게 걱정이 되는 걸까?", "감정을 잘 다스리려면 어떻게 하면 좋을까?"라고 말한다.

마. 부적절한 표현

이들과 상담할 때 바람직하지 않은 표현은 다음과 같다. "사나이가 왜 그렇게 소심해. 좀 더 대범하게 살아라!", "넌 참을성이 없고 급한 게 문제야, 매사에 신중해졌으면 좋겠다.", "걱정한다고 좋아질 건 하나도 없어. 맘을 편하게 먹어.", "세상을 자기 기분대로 살 수는 없는 거야. 자기감정을 다스릴 줄 알아야지!" 등이 있다.

바. 상담 후 조치사항

- 자살시도의 가능성을 확인하여 적절히 조치한다.
- 성격문제는 장기간의 상담이 필요하므로 인내심을 가지고 지속적으로 상담한다.
- 성격이나 정신건강의 문제가 심각한 경우는 병영생활 전문상담관, 군의관 및 군종 장교 등 전문가에게 의뢰한다.

7 건강문제 상담

군 복무 중인 병사들 중에서 건강문제로 인해 주어진 업무에 집중하지 못하고 매사에 자신감을 잃어버리고 무단이탈을 하거나 집단 따돌림을 당하며 생활하는 경우가 있다. 이들에 대한 상담 요령을 알아본다.

가. 식별 방법 및 특징

- 건강에 대해 지나치게 과민반응을 보이며 병원에 자주 찾아 간다.
- 아무도 자신의 고통을 이해해 주지 않는다고 말하며 우울 증세를 보인다.
- 적절한 치료를 받지 못해 고통이 계속될 경우에 난폭한 행동을 보일 수 있다.
- 훈련과 작업 등의 힘든 일에 열외하려고 한다.
- 상급자에게 자신의 고통을 호소하며 의존적인 태도를 보인다.
- 자기중심적이며 타인의 인정과 관심을 받으려는 욕구가 강하다.

나. 대표적 유형 및 원인

- 신체적 질환으로 주어진 임무를 제대로 수행하지 못하는 경우
- 심한 정신적인 스트레스로 인해 심인성(정신적인 문제가 원인이 되어 신체증상을 보임) 신체증상을 호소하는 경우
- 건강상의 이유로 동료와 어울리지 못하고 소외감을 느끼는 경우
- 군 생활이 힘들어서 꾀병을 부리는 경우
- 각종 질병으로 인하여 고통을 받고 있거나 적절한 치료를 받지 못한 경우
- 현역 복무 부적합 판정을 목적으로 거짓으로 정신이상 행동을 보이는 경우

다. 적절한 상담자

가벼운 건강상의 문제는 행정보급관이나 주임원사가 적절하며, 치료를 요하는 건강문제는 군의관이 적절하다.

라. 효과적인 상담방법

진료를 통해 호소하는 신체적 질병이 꾀병인지, 심인성(心因性)증상인지, 기질적 질환(실제 건강에 이상)인지를 확인한다.

1) 꾀 병

꾀병인 경우는 증상에 대해 관심을 가지지 말고, 비난하지 말며, 잘하고 있는 면에 대해 칭찬을 해 주어 자신감과 잘하려는 동기를 갖도록 한다. 예를 들면 “네가 빈틈없이 업무를 처리해 믿음직스럽구나!”라고 할 수 있다.

2) 심인성(心因性)

심인성인 경우는 가급적 증상에 대해서는 언급을 하지 않으면서, 스트레스를 받고 힘들어하는 이유를 공감해 주며(관계형성, 예: "선임병이 사사건건 꼬투리를 잡으니 정말 힘들겠구나!"), 증상이 심리적인 원인 때문이라는 것을 깨닫게 하고(통찰, 예: 군의관에게 진료를 받게 하여 신체적으로 이상이 없음을 확인시킨다.), 현실적으로 적절한 대처방안을 같이 찾아본다(대안 수립, 예: "이제 어떤 마음자세가 필요하지?").

3) 기질적[2] 질환

기질적 질환인 경우는 증상의 심각성 정도에 따라 후송이나 외진, 청원휴가 등을 통해 조속히 치료하도록 한다.

마. 부적절한 표현

이들과 상담할 때 바람직하지 않은 표현은 다음과 같다. "꾀병 아니야? 엄살떠는 것 맞지?", "군대에서 그건 병도 아니야. 그냥 하라면 하는 거야!", "그 정도 가지고 훈련을 열외하면 훈련할 병사가 어디 있냐? 정신력으로 참아!" 등이다.

바. 상담 후 조치사항

- 실제 신체적 증상이 있다고 판단될 때 군의관에게 진료를 받도록 조치한다.
- 내담자의 신체적인 문제를 주위 병사들에게 알려주어 따돌림을 당하지 않도록 한다.
- 신체 허약, 만성피로의 경우는 적절한 운동을 권유하며, 필요시 보직 변경 등의 조치를 한다.

8 성문제 상담

군 복무 중인 병사들 중에서 성문제로 인해 괴로워하다가 무단이탈을 하거나 성추행 피해자에 대해 구타 등의 가혹행위를 할 수 있다. 이들에 대한 상담 요령을

2) 구조적으로 명확한 이상이 발견되는 것

알아본다.

가. 식별 방법 및 특징

- 심한 모욕감과 수치심으로 인해 사람을 피한다.
- 분노 및 스트레스 등으로 인해 얼굴이나 태도에서 불안한 모습을 보인다.
- 겉으로 보기에 특별한 이유 없이 동료를 구타한다.
- 성적인 농담을 자주하며, 과도하게 신체 접촉을 한다.
- 걸음걸이, 말투, 목소리 등이 여자 같은 느낌을 준다.

나. 대표적 유형 및 원인

- 동성애를 고민하는 경우
- 성폭력, 성추행을 가한 경우
- 성폭력, 성추행을 당한 경우
- 어릴 때부터 여성적인 취향이 있는 경우
- 성적 정체감에 혼란이 있는 경우

다. 적절한 상담자

병영생활 전문상담관이나 군의관 등이 상담자로 적절하다. 왜냐하면 전문지식을 갖고 있어 직접적인 문제해결을 도와줄 수 있으며, 문제해결에 대한 신뢰감을 줄 수 있고, 내담자는 주변 가까운 사람들에게 성과 관련된 문제를 알리고 싶어하지 않기 때문이다.

라. 효과적인 상담방법

1) 관계형성

성적인 문제(예: 동성애)에 대한 선입관이나 편견 없이 개방적인 자세로 내담자의 문제를 수용하고 공감해 준다. 예를 들어 “정말 충격이 컸겠구나! 얼마나 놀랬니?”, “창피하고 부끄러워서 아무에게도 말도 못하고 얼마나 괴로웠니?”, “비정상이 아닌가 하는 생각 때문에 고민이 많았겠구나!”라고 할 수 있다.

2) 감정정화법

수치심과 분노 및 죄책감 등의 감정을 상담 장면에서 적나라하게 표현하도록 한다. 예를 들면 "이 상병이 죽이고 싶도록 밉겠구나!", "다른 사람이 알게 될까봐 두려웠겠구나!" 등이 있다.

3) 근육이완훈련

감정이 심하게 고조되어 있을 때는 근육이완을 시켜 마음의 안정을 찾도록 한다. 예를 들어 "오른쪽 다섯 손가락에 힘을 최대한으로 줘 봐라. 그리고 나서 열을 센 후 한꺼번에 힘을 빼."라고 말한다.

4) 통 찰

동성애나 성추행 등의 부정적인 결과에 대해 깨닫도록 한다. 예를 들어 "계속 그런 행위를 할 때 결국 네가 어떻게 될까?"라고 할 수 있다.

5) 대안 수립 및 비밀보장 한계 설득

적절한 해결방안(예: 성추행 가해자의 경우 법적 조치 및 타 부대 전출 등)을 찾아 즉각적으로 조치할 것을 약속한다. 성문제는 무관용의 원칙 적용으로 비밀을 지킬 수 없다는 것을 설득한다.

마. 부적절한 표현

이들과 상담할 때 바람직하지 않은 표현은 다음과 같다. "살다보면 별의별 일을 다 겪는 거야. 그냥 개에 물렸다고 생각해.", "시간이 약이야. 시간이 지나면 나아질 거야.", "너 정말 문제가 있는 것 같다. 당장 군의관을 찾아가 보도록 해라.", "그런 상황을 네가 적절히 잘 피했어야지!" 등이 있다.

바. 상담 후 조치 사항

- 기본권 전문상담관 및 군의관 등에 의한 성교육을 실시한다.
- 지휘관은 성 군기 문란행위 및 처벌 규정에 대해 교육한다.
- 성추행 가해자에 대해서는 법무장교의 조언을 받아 즉각 조치한다.

- 동성애의 경우 인성검사를 받아 보도록 정신과 진료를 의뢰한다.
- 부대 내의 성폭력이나 성추행은 단호한 대응책과 신고체계를 구축한다.

9 자살문제 상담

군에서는 자살사고 예방을 위하여 혼신의 노력을 다하여 과거에 비하여 획기적으로 사망자가 감소하였으나 아래의 그래프에서 보는 바와 같이 매년 사망자 대비 자살자가 70~80% 가량을 차지하고 있다.

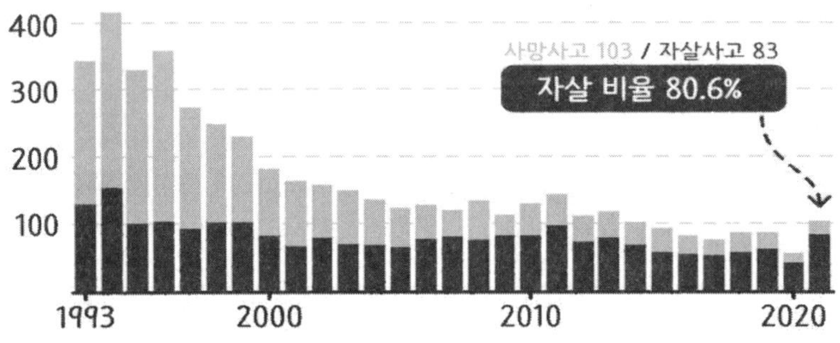

군 자살자 중 육군이 80~90% 정도 되는데 이는 해 · 공군의 경우 지원제로 선발하면서 육군에 비해 자질이 우수하여 잠재적 사고위험자가 입대할 확률이 상대적으로 적은 것으로 분석된다.

또한 육군은 다수가 병사위주로 운용되면서 최전방 전투원으로 운용되나 해·공군의 경우 장교와 부사관 위주의 전투력을 보유하고 병사는 전투지원위주의 임무수행으로 육군에 입대한 병사의 복무 스트레스가 높다고 할 수 있다.

인구 10만 명당 자살률을 비교해 보면 2023년 기준 군은 13.4명, 민간인은 27.3명 수준으로 민간인에 비교할 때 군 내 자살률이 현저하게 낮으므로 이에 대한 대비를 하지 않아도 되는가 하는 생각을 할 수 있으나 군복무의 특수성으로 부대의 단결과 사기에 막대한 영향을 초래하고 결국 심대한 전투력 저하로 이어지므로 반드시 예방해야 한다.

자살자를 분석해 보면 개인적 원인(신변비관, 이성문제, 가정문제, 건강문제, 복무부적응, 금전문제)과 부대적 원인(병영부조리, 업무부담)으로 구분할 수 있으며 어떠한 한 가지 원인보다는 다양한 요인의 복합적인 상호작용에 의하여 발생하며 개인적 요인이 72%, 부대적 요인이 28%를 차지하므로 개인적 요인에 대하여 좀 더 관심을 가져야 한다.

자살자의 가정환경을 분석해 보면 중·하류의 경제적 수준을 가진 사고자가 전체의 90%를 차지하므로 경제적 환경이 자살에 미치는 영향이 매우 크다는 것을 알 수 있다.

또한 발생 장소는 영내가 42.2%, 영외가 54.8%로 출타병력관리에 좀 더 많은 관심이 필요하다. 즉 자가에서 자살하는 비율이 전체의 30%나 되기 때문에 군 자살예방은 부대의 노력만으로는 한계가 있으므로 군과 사회, 그리고 각 가정이 연계하며 노력할 때 효과적인 예방이 가능한데 이들에 대한 상담 요령을 알아본다.

가. 식별 방법 및 특징

- 주위 동료들에게 죽고 싶다는 표현을 자주 한다.
- 나는 아무짝에도 쓸모없어 등의 표현을 자주 한다.
- 수첩이나 노트 등에 삶을 비관하며 죽음에 대해 동경하는 내용을 기록한다.
- 매사에 의욕이 없고 우울 증상을 보인다.
- 한밤중에 잠을 이루지 못하고 뒤척이거나 일어나 앉아서 깊은 생각에 잠긴다.
- 자신이 아끼던 물건이나 돈을 동료에게 넘겨준다.
- 갑자기 식사 양이 지나치게 많아지거나 적어진다.
- 평소보다 심하게 말을 많이 하거나 말이 없어지고 사람을 피한다.
- 과격한 언행을 하며 감정의 기복이 극도로 심해진다.
- 교육훈련, 체력단련 등 을 기피하며 참여를 권하면 짜증을 낸다.

나. 대표적인 유형 및 원인

- 최근에 견디기 힘든 충격적인 일을 겪었을 경우
- 병영생활에 전혀 적응을 못하는 경우
- 스트레스를 이겨내는 힘이 부족할 경우
- 집단 따돌림을 당할 경우
- 애인이 변심했을 경우
- 집안에 심한 어려움이 있을 경우

■ 정신적 질환이 심한 경우(예: 심한 우울증으로 무가치감 및 자괴감을 가지거나 정신증으로 환청이나 망상이 있을 때)

다. 적절한 상담자

병영생활 전문상담관이나 군의관 및 군종 장교 등이 상담자로 적절하다. 자살문제에 대한 상담은 고도의 전문성이 요구되기 때문이다.

라. 효과적인 상담방법

1) 관계형성

자살하려는 심정을 비판 없이 들어주고 공감해 준다. 예를 들어 "정말 얼마나 힘들면 자살까지 생각했겠니?"라고 할 수 있다.

2) 감정정화법

자살을 하려는 이유와 현재의 괴로운 감정을 모두 표출하도록 한다. 예를 들면 "너의 괴로운 심정을 모두 털어놨으면 좋겠구나!"라고 할 수 있다.

3) 자살의 방법 확인

자살의 방법을 구체적으로 생각해 봤는지를 확인한다. 예를 들면 "어떤 방법으로 자살할지 생각해 보았니?"라고 물을 수 있다.

4) 통 찰

내담자가 자살 후 자신을 아끼는 사람들의 반응에 대해 생각해 보도록 한다. "네가 죽으면 부모님의 심정은 어떻겠니?"라고 할 수 있다.

5) 관점 변화

현재의 어려운 상황과 자신의 문제에 대하여 제3자의 입장에서 생각해 보도록 하여 자신의 문제를 객관화한다. 예를 들어 "다른 사람이 너와 같은 입장이라면 과연 어떻게 할 것 같니?", "바닷물은 3%의 소금으로 인해 썩지 않는 거야, 우리 마음속에 살고자 하는 의욕이 3%만 있어도 우린 살아갈 수 있어!"라고 할 수 있다.

6) 부정적, 비합리적 사고의 교정

자살하려는 마음에 내포된 비합리적 사고(예: 나 같은 놈은 살 가치가 없다.)와 부정적 사고(예: 다 내 잘못이고 잘되기는 불가능하다.)를 논박을 통해 합리적 · 긍정적 사고로 바꿔준다. 예를 들어 "그런 실수를 다른 사람들은 전혀 안 할까?", "과연 너에게만 잘못이 있는 것일까?"라고 할 수 있다.

7) 대안 수립

자살의 이유를 해소할 수 있는 현실적인 다른 방안을 찾도록 한다. 예를 들어 "지금 이 상황을 풀어나가려면 어떻게 하면 좋을까?", "지금의 힘든 상황을 극복하기 위해 우리 같이 노력해 보자.", "어렵고 힘든 상황에서도 성공한 사람들이 많이 있어! 내가 그 사람의 책을 줄 테니까 읽어 봐라." 등이 있다.

마. 부적절한 표현

이들과 상담할 때 바람직하지 않은 표현은 다음과 같다. "죽는다고 모든 것이 다 해결되냐!", "그것은 책임회피에 불과해, 너만 힘들고 어려운 줄 아냐! 인생 자체가 힘든 거야!", "남자가 뭐 그까짓 거 가지고 고민하냐! 시간이 지나면 다 해결될 텐데.", "네 인생은 네 거야! 누가 책임 지냐! 네가 책임지는 거지!" 등이 있다.

바. 상담 후 조치 사항

- 자살 징후가 농후하면 상담종료 즉시 '자살 금지 서약서'를 작성시킨다. 자살을 고민하고 있는 사람이 서약서 작성 시 자살을 막는 효과가 있다. 모든 내용을 자필로 작성하도록 하는 것이 좋다.
- 최소한 대대장까지 지휘계통으로 보고하여 자살의 원인을 해소할 수 있는 방법을 강구하고 병영생활 전문상담관에 의한 상담 및 정신과 치료를 조치한다.
- 자살 우려자의 절친한 전우나 좋아하는 간부에게 관찰 임무를 부여하여 절대로 혼자 두지 않는 것이 좋다.
- 비밀을 유지하려고 애쓰지 말고 부하의 동의를 얻어 동료들에게 알리고 동료들이 진심으로 도울 수 있도록 노력한다.

사. 자살징후자 발견 시 조치

1) 질문(상담)하라

장병들의 자살징후를 발견하면 우선 질문을 해야 한다. 물어보지 않으면 스스로 대답하지 않으며 자살에 대한 질문이 거북한 질문이기는 하지만 상담 시나 징후 발견 시 반드시 해야 한다. 질문의 방법은 직접적으로 "요즘 군 생활할 만하니?"로 시작해서 "가장 큰 고민이 뭐니?"와 같이 점차적으로 질문한 다음 나중에는 "자살하려고 생각하고 있니?"라고 직접적으로 물어보고 나서 "그렇다."고 대답하면 구체적으로 자살하려는 방법이나 과거의 경험까지 물어봐야 한다.

2) 보고하라

구체적인 자살의사를 확인하였다면 즉시 보고하여 다양한 각도에서 지휘조치가 가능하도록 해야 한다. 자살에 대한 결심이나 시도는 비밀을 엄수할 필요가 없다.

자살사고가 발생하면 해당 부대는 수개월 동안의 조사와 후속조치로 전투력이 마비되며 그 파장이 너무나 크기 때문이다. 보고방법에서 대면보고가 아니라도 전화나 이메일 등 다양한 수단으로 보고한다. 단 이메일이나 카톡 등 보고 시에는 수신했는지 확인이 필요하다. 만약 보고하지 않거나 즉시 보고하지 않으면 사고가 발생했을 때 지휘책임이 발생하기 때문에 주의해야 한다.

3) 관찰하라

지휘보고를 하면 상급지휘관이 조치하게 되는데 병영생활전문상담관,군종장교 등의 상담 및 치료가 진행될 수도 있고 그린(비전)캠프 입소와 심의 후 현역복무 부적합 처리를 할 수도 있다. 이러한 지휘조치도 일정한 시간이 필요하기 때문에 해당 부대에서는 전우조를 임명하여 24시간 관찰 및 관리체계를 유지해야 하며 조금이라도 이상한 징후 발생 시 즉시 보고하도록 해야 한다.

4) 가족에게 연락하라

자살사고는 서두에서 언급했듯이 30%가 자가에서 발생하고 있고 지금까지 인지하지 못했던 새로운 사실들을 알 수도 있기 때문에 반드시 가족에게 연락하여 발생한 사실을 설명하고 가족의 도움과 협조를 구해야 한다. 그러나 가족은 부대적 원인으로 핑계를 대면서 비협조적일 수 있는데 이렇게 되면 해당 병사는 더 큰 상처를 받을 수 있는데 이때는 전문가의 도움과 상담을 지속적으로 받을 수 있도록 조치해야 한다.

10 진로문제 상담

군 복무 중인 병사들 중에서 전역 후 진로문제를 괴로워하다가 후임병을 괴롭히는 등의 가혹행위[3]를 할 수 있다. 이들에 대한 상담 요령을 알아본다.

가. 식별 방법 및 특징

- 전역을 앞두고 식욕을 잃고 체중이 급격히 감소한다.
- 밤에 잠을 잘 이루지 못하고 뒤척인다.
- 전역을 앞두고 후임병들에게 짜증과 신경질을 심하게 부린다.
- 전역 후 무엇을 할지에 대해 주변 사람들에게 물어보거나 이야기한다.
- 진로와 관련된 내용에 대해 인터넷을 검색한다.

나. 대표적인 유형 및 원인

- 전역 후 무엇을 할 것인가에 대해 걱정을 하는 경우
- 입대 전 다니던 대학과 전공이 마음에 들지 않아서 복학 여부에 대해 고민을 하는 경우
- 입대 전 전문성과 안정성이 없는 직장에서 생활을 하다가 그만두고 입대해 전역 후 취업에 대한 걱정을 하는 경우
- 대학진학과 취업 중 어느 쪽을 선택할지 고민이 되는 경우

다. 적절한 상담자

중대장이 상담자로 적절하다. 왜냐하면 진로문제를 상담하기 위해서는 어느 정도 인생의 경험이 있어야 하며, 인터넷의 진로 사이트를 소개해 줄 수 있어야 한다.

3) 가혹행위는 다른 사람을 하여금 수치, 오욕, 고통을 받게 하는 행위를 말하기 때문에 폭행 및 협박은 물론이고 정신적이나 육체적 고통을 주는 행위를 말한다.

라. 효과적인 상담방법

1) 관계형성

전역 후 진로문제로 힘들어하는 심정을 비판 없이 들어주고 공감해 준다. 예를 들어 "전역 후 무엇을 할지 막연해서 답답하고 괴롭겠구나!"라고 할 수 있다.

2) 통 찰

부하의 가치관, 성격, 적성, 흥미, 학업능력 및 환경 등을 파악하여 부하가 스스로에 대한 심층적인 이해를 하도록 도와준다. 예를 들어 "재미있게 할 수 있는 분야는 어떤 것이지?", "어떤 직업을 갖느냐는 인생에서 정말 중요하기 때문에 시간을 두고 진지하게 생각해 보자."라고 할 수 있다.

3) 가치의 우선순위화

인생의 우선적인 가치를 어디에 두어야 할지를 이야기한다. 예를 들어 "직업을 선택하는 데 있어서 네가 제일 중요시하는 것은 무엇이니?"라고 물을 수 있다.

4) 정보 제공

원하는 학과나 직업에 대한 정보를 인터넷 검색을 통해서 제공해 주고, 진로 정보(예: 직업유형, 취업기회, 보수, 승진 가능성 등)와 부하의 성격, 능력, 환경, 제한요소 등을 고려하여 합리적인 의사결정을 하도록 도와준다. 예를 들어 "직업에 대한 정보를 인터넷에서 검색해 왔는데, 네가 원하고 현실적으로 가능성이 있는 직업을 골라 보자."라고 말할 수 있다.

5) 대안 수립

여러 가지 대안 중에서 내담자의 욕구와 실현 가능성 등을 고려하여 최선 및 차선책의 대안으로 압축하고 내담자 스스로가 최종적으로 결정하도록 한다. 예를 들어 "다섯까지 직종으로 압축되었는데 서로 비교해 보면 어떠니?"라고 할 수 있다.

6) 자기효능감 증진

실천 계획대로 열심히 노력하도록 함으로써 자기효능감을 증진시킨다. 예를 들어 "우리가 세운 계획대로 이제부터 열심히 노력하는 거다."라고 할 수 있다.

마. 부적절한 표현

이들과 상담할 때 바람직하지 않은 표현은 다음과 같다. "사람이 굶어 죽지는 않게 되어 있어. 너무 걱정하지 마.", "지금 걱정한다고 될 일이니? 마음을 편하게 먹어라. 어떻게 되겠지.", "사회에 나가면 방법이 생기게 되어 있다. 뭘 미리 걱정해." 등이 있다.

바. 상담 후 조치사항

- 직업이나 진로 정보에 관한 인터넷 사이트와 자료를 제공한다.
- 인터넷 사이트의 전문상담기관 등을 통해 적성검사를 실시하도록 도와준다.
- 필요시 인터넷이나 직업상담기관을 통해 직접상담사에게 진로에 대한 상담을 받도록 한다.
- 전역 시까지 지속적인 관심을 기울이고 도움이 되는 정보가 있으면 제공해 준다.
- 군 복무 우수자이면서 희망자는 현역부사관에 지원을 유도하는 방법도 알려준다.

부록

문제유형별 상담 요약

1 이성문제

구 분	내 용
식별방법 (특징/ 징후)	■ 마음의 평정을 잃고 불안한 모습을 보임. ■ 자포자기한 상태에서 사고를 내겠다는 말을 자주 함. ■ 식욕을 보이지 않고 체중이 감소하며 매사에 의욕을 보이지 않음. ※ 군무이탈, 자살 등의 문제로 표출
원 인	■ 여자 친구로부터 연락이 두절되거나 이별의 편지를 받았을 경우 ■ 좋아하지 않는 여자가 자주 찾아오거나 행패를 부리는 경우 ■ 애인이 자주 면회를 오지 않거나 불만이 생기는 경우 ■ 성관계로 애인이 임신했을 경우 ■ 입대 전 동거와 출산으로 생계비를 걱정해야 하는 경우 ■ 애인의 남자관계가 복잡한 경우
상담방법	■ 내담자의 입장이 되어서 공감하며 상담자의 생각을 강요하거나 내담자의 생각을 평가하지 않고 그대로 받아들이는 수용(관계형성) ■ 상담자나 절친한 동료에게 괴로운 감정을 충분히 표현하도록 하고, 공감을 통해 괴로운 감정을 정화시킴.(감정 정화법) ■ 상담자가 자기노출을 통해 비슷한 경험을 이야기하고 공감해줌(자기노출) ■ 절망적이고 살아갈 의미가 없다는 비합리적이고 자기파괴적인 생각을 논박을 통해 괴롭고 가슴 아프지만 받아들여야 한다는 합리적인 생각으로 바꿔주는 인지수정을 사용함(비합리적 사고 교정). ■ 군무이탈이나 범법행위의 무서운 결과에 대해 진지하게 생각하도록 하며, 그러한 행위는 평생 돌이킬 수 없는 파멸로 이끈다는 사실을 주지시킴. ■ 현실적인 문제해결을 위한 최선의 지원을 약속하고 지지함(강화).

2 복무 부적응

구 분	내 용
식별방법 (특징/징후)	■ 대인관계를 기피하고 혼자 있기를 좋아함. ■ 정서적으로 불안, 분노, 스트레스와 같은 증세를 보임. ■ 군 생활에 대한 불만을 자주 토로함. ■ 대인관계 기술이 부족하고 의존적이고 미성숙한 태도를 보임. ■ 근무에 태만하고 요령을 부리는 경우가 많음. ■ 매사에 의욕을 보이지 않음. ※ 군무이탈, 자살, 구타 및 가혹행위, 집단 따돌림(왕따) 등의 문제로 표출
원 인	■ 부대전입 후 적응에 어려움을 겪는 경우 ■ 위험한 훈련이나 과중한 업무, 특수 근무 등 부대의 환경과 근무조건에 대한 불만 ■ 선임병의 횡포, 내무생활 부조리 등으로 인한 심리적 불안과 스트레스로, 정상적인 군 복무에 적응하지 못하는 경우 ■ 개인적인 성격의 결함에서 오는 경우
상담방법	■ 두려움으로 인한 마음의 불안을 제거하기 위해 공감을 통해 심리적인 안정감을 심어주고, 내담자를 인정하고 개인가치를 존중함(관계형성). ■ 단계적으로 수준이 높은 업무를 제공해 성공경험을 쌓게 하고 긍정적인 사고 및 격려 등으로 군 복무를 잘할 수 있다는 자신감 심어줌(자기효능감 증진). ■ 상담자가 부대생활에 잘 적응하는 모델이 되어 줌(모델링). ■ 상담자가 갈등대상자 역할을 하고 갈등상황을 재연함(역할연습). ■ 가장 바람직한 문제해결의 대안을 찾아 실천함(대안 수립). ■ 긍정적으로 변화해가는 모습을 적극적으로 지지하고 격려함(강화).
적절한 표현	■ 그래 그때 너를 괴롭히는 고참들이 정말 원망스러웠겠구나! ■ 정말 힘들었겠다. 좋은 방법을 같이 고민해 보자. ■ 너무 못하는 것만 생각하지 마라. 너도 고민해 보자. ■ 네가 잘할 수 있는 것 중에서 좋은 방법을 같이 생각해 보자.
부적절한 표현	■ 열심히 하면 너도 박 병장처럼 잘할 수 있어! 군대는 짬밥이야 참고 열심히 생활해 봐. ■ 누가 너를 어떻게 괴롭히냐! 당장 영창에 보내야겠다. ■ 잘하려고 너부터 노력해야지, 그래야 고참들이 좋아할 것 아니야. ■ 군대에선 까라면 까는 게 가장 현명한 거야. 지금 병장들도 다 너 같이 힘든 시절을 겪고 병장이 된 거야. ■ 군대는 다 그런 거야. 참고 견디어 내, 시간이 흐르면 잘 해결 될 거야.
상담 후 조치	■ 복무 부적응의 원인을 정확히 파악하여 조치(성격, 능력부족, 건강, 부조리 등) ■ 복무 부적응의 원인에 따라 군종장교, 군의관, 법무장교 등과 상담 조치 ■ 개인의 특성과 장점에 맞는 직책 등 보직을 변경하여 환경을 변화시켜 줌. ■ 업무수행 중 지휘관(자)이 중간 중간 지도 및 격려

3 전입신병 상담

구 분	내 용
식별방법 (특징/징후)	■ 긴장되고 불안해하며 불리한 개인 신상 노출을 꺼림. ■ 낯설고 어색해하며 미숙한 경향이 있음. ■ 주변사람들의 눈치를 보거나 자신감이 없을 수 있음.
원 인	■ 생소한 부대환경에 잘 적응하도록 도움 제공 ■ 전입신병에 대한 문제를 파악, 지휘관의 친밀한 관계형성
상담방법	■ 따뜻하게 환영하고 부대를 소개하면서 자연스럽게 시작, 사무적으로 또는 심문하듯이 상담하면 불안감이 더욱 고조됨(관계형성). ■ 첫인상이 중요하며, 간부와의 상담으로 도움을 받을 수 있다는 신뢰감을 주어야 함(관계형성). ■ 부대생활과 관련하여 도움이 될 만한 사항을 이야기해 줌(정보제공). ■ 상담자가 적절한 자기노출로 신병과 친밀하게 관계 형성(자기노출) ■ 상담자가 먼저 편안한 모습을 보이며, 신병이 상담자를 군대생활을 하면서 본보기로 여기도록 본이 되는 모습을 보여줌(모델링). ■ 앞으로의 군대생활에서 무엇에 가치를 두고 살 것인지에 대해 생각해 보도록 함(가치의 우선 순위화). ■ 군대생활을 성공적으로 만족하게 잘할 수 있을 것이라는 생각을 하도록 함(긍정적 자기암시). ■ 군대생활에서 자신의 힘으로 어떻게 할 수 없는 부분에 대해서 스트레스를 최소화하려는 마음가짐을 갖도록 함(통제력의 유무 구별). ■ 상세한 신상파악은 한 명의 간부가 실시하고 그 자료를 공유하여야 함(신상파악). ■ 심리검사 결과 특이사항 도출 시는 관련부분에 대하여 집중적으로 파악함.
적절한 표현	■ 군이라는 새로운 환경에 들어왔으니 낯설고 어색할 거야. 잘 적응하도록 도와줄 테니까 우리 열심히 해보자. ■ 이곳이 네가 전역할 때까지 생활할 자대니까 가정이라고 생각하고 편안하게 마음먹어라. ■ 군 생활을 인생의 공백이라고 생각하지 말고 자기를 개발의 기회로 삼아 여가시간을 활용해서 운동이나 공부 등 목표를 세우고 생활해라.
부적절한 표현	■ 요즘 군대가 얼마나 편해졌는데, 적응 못하면 남자도 아니야! ■ 신병 때는 목소리가 크고 행동도 빨라야 한다. 그래야 고참들이 좋아하니까. ■ 악랄한 고참이 있으면 즉각 보고해라. 영창 보낼 테니까.
상담 후 조치	■ 문제가 될 만한 징후가 식별되면 지속적으로 관찰함. ■ 도움이 필요한 경우에 도움을 요청하는 방법을 알려줌(전화번호 등). ■ 최초 상담 시 심각한 징후가 발견되면 지휘계통으로 보고하고 즉시 후속 조치(고충상담, 전문치료 등)

4 가정문제

구 분	내 용
식별방법 (특징/ 징후)	■ 우울하며 불안해 함(특히 휴가나 외박 복귀 후). ■ 동료나 상급자에게 의존적인 태도를 보임. ■ 청원휴가 등을 자주 신청함. ■ 의가사 제대에 대해 주변 동료들에게 물어 봄. ■ 업무에 집중을 하지 못함. ※ 군무이탈, 자살 등의 문제로 표출
원인	■ 부모의 이혼이나 별거로 가정생활이 불안한 경우 ■ 가족 중 한 사람이 사망하거나 큰 사고를 당한 경우 ■ 가정의 빈곤으로 생계에 지장을 초래하는 경우 ■ 계모, 계부 슬하의 형제들이 걱정되는 경우 ■ 편모나 편부 슬하에서 생활한 경우
상담 방법	■ 조언이나 지시보다는 공감과 수용을 통한 촉진적 관계형성(관계형성) ■ 병사로 하여금 자신의 감정을 마음껏 표현하게 하고 정화시킴(감정정화). ■ 가정문제는 군에 있는 자신이 해결할 수 없는 자신의 통제력 밖에 있음을 받아들이게 함(통제력의 유무 구별). ■ 부모와 가족의 입장에서 생각해 보도록 함(역할연습). ■ 상담자는 병사와 함께 적절한 현실적인 해결책을 찾음(대안 수립).
적절한 표현	■ 집이 걱정되어 아무 것도 손에 안 잡히겠구나! ■ 부모님 사이의 관계는 네가 어떻게 할 수 없는 부분이 아닐까? ■ 네가 군 생활 열심히 해서 탈 없이 전역하는 것을 가족들이 다 바라지 않겠어?
부적절한 표현	■ 부모는 부모고 너는 너야. 네가 부모님 인생을 대신 살아줄 수 없잖아 너는 네 인생을 열심히 살면 되는 거야! ■ 너희 집보다 더 불행한 가정도 많아. ■ 부모 이혼한다고 다 죽으면 세상 사람의 반은 죽어야 할 거다.
상담 후 조치	■ 병사가 가족과 연락이 되어 가족의 소식을 접할 수 있도록 조치 ■ 집에서 오는 연락은 상담자와 상의하여 대책 강구 ■ 상담자가 가족과 연락하여 내담자의 고민에 대해 의견 교환 ■ 필요할 경우에는 휴가 조치 등 부대 차원의 지휘 조치 강구

5 대인관계

구 분	내 용
식별방법 (특징/ 징후)	■ 폭넓은 대인관계를 갖지 못해 특정의 소수 인원들과만 어울림. ■ 말이 거의 없고 매사에 소극적이며 자신감이 없어 보임. ■ 힘든 일에 열외하고 편하게 생활하려고 함. ■ 불평과 불만이 심함. ■ 병사들 사이에서 따돌림을 당함.
원 인	■ 대인관계의 경험과 기술 부족 ■ 타인을 의식하지 않거나 자기중심적인 성격 ■ 상황과 조직특성에 맞게 자기 자신을 조절하는 능력이 미숙 ■ 상급자, 하급자, 동료와의 불화
상담방법	■ 부하의 입장과 처지, 심적 상태에 대한 충분한 공감을 해줌(관계형성). ■ 내담자 스스로가 자신의 문제점을 깨닫도록 함(통찰). ■ 상담자와의 역할연습을 통해 대인관계 기술을 훈련(대인관계 기술) ■ 갈등을 상대방의 입장에서 생각하도록 함으로써 상대방을 어느 정도 이해하게 함(관점변화). ■ 대인관계를 잘 맺을 수 있다고 스스로 생각하도록 함(긍정적 자기암시). ■ 대인관계를 향상시킬 수 있는 프로그램에 참여하도록 함(집단상담). ■ 상담 간 행동변화를 위해 계속 격려해 줌(강화).
적절한 표현	■ 다른 사람들이 너를 따돌려서 많이 힘들겠구나! ■ 주위 사람들이 네 마음을 몰라줘서 서운했지? ■ 너를 괴롭히는 정 병장이 정말 미웠겠다. ■ 친한 병사가 없어서 외롭지?
부적절한 표현	■ 남자라면 다 싸우지 안 그래? 그런 경험을 통해 인간은 성숙해 가는 거야! 인생의 약으로 생각해! ■ 좀 더 마음을 열고 적극적으로 전우들을 대하면 어때? ■ 먼저 사과하는 사람이 용기 있고 이기는 거야! ■ 너만 아는 이기적인 마음이 문제가 아닐까?
상담 후 조치	■ 제3자인 분대장을 조용히 따로 불러 특정인을 지칭하지 말고 생활관 분위기조성과 인간관계 형성에 좀 더 신경을 쓰도록 촉구, 간접적인 문제 해결 도모 ■ 선임병과 갈등이 심할 경우 상담 사실을 선임병에게 알리지 말 것 ■ 선임병에게 부조리가 있을 경우 내담자에게 피해가 가지 않도록 조치

6 성격문제

구 분	내 용
식별방법 (특징/ 징후)	■ 매사에 부정적인 언행을 하고 자기비하와 자기 탓이 심함. ■ 자신에 대한 비판에 민감하며 자신과는 상관없는 일들에 피해의식과 불안한 반응을 보임. ■ 사람을 피하고 혼자 있으려고 하며, 의존적이고 소극적인 태도를 보임. ■ 흥분을 잘하고 감정기복이 심하며 말다툼과 주먹다짐을 함. ■ 몸이 아프다는 호소를 자주 하고 힘든 일에 열외하려고 함.
원 인	■ 부모의 무관심이나 애정결핍으로 자존감 결여 ■ 부모의 과잉통제나 학대로 적개심과 반항심 내재 ■ 부모의 과대평가나 과잉보호로 배려심과 독립심 부족 ■ 어릴 때 충격적인 경험(부모 사망, 성추행 등)으로 자신감 부족 ■ 타인의 관심을 받으려는 욕구로 신체증상 호소
상담방법	■ 내담자의 긴장과 불안을 감소시키기 위해 근육이완을 시킴(근육이완). ■ 자신에 대한 무가치감 등 비합리적 사고를 논박해서 합리적 사고로 바꿔 줌(비합리적 사고 교정). ■ 상상법을 통해 어릴 때의 충격적인 경험에 대한 부정적인 감정을 정화시킴(상상법 정화). ■ 부정적 사고(자기 탓, 낙인찍기, 부정적 · 당위적 사고 등)를 긍정적인 사고로 바꿔 줌(부정적 사고 긍정화). ■ 심인성 신체증상에 대해서는 무관심을 보임(부적 벌). ■ 상담 간 내담자가 변화하려는 노력과 시도를 격려, 지지, 칭찬(강화)
적절한 표현	■ 좀 더 적극적으로 살고 싶은데 잘 안 되지? 우리 같이 좋은 방법을 찾아보자. ■ 무엇 때문에 그렇게 일을 앞두고 심하게 걱정이 되는 걸까? ■ 많은 사람 앞에서 마음속으로 떨지 않는 사람이 과연 있을까? ■ 감정을 잘 다스리려면 어떻게 하는 방법이 있지?
부적절한 표현	■ 사나이가 왜 그렇게 소심해. 좀 더 대범하게 살아라! ■ 넌 참을성이 없고 급한 게 문제야. 매사에 신중해졌으면 좋겠다. ■ 걱정한다고 좋아질 건 하나도 없어. 맘을 편하게 먹어 ■ 세상을 자기 기분대로 살 수는 없는 거야. 자기감정을 다스릴 줄 알아야지.
상담 후 조치	■ 자살의 가능성을 확인하여 적절히 조치 ■ 성격문제는 장기간의 상담이 필요하므로 인내심을 가지고 지속적으로 상담 ■성격이나 정신건강상의 문제가 심각한 경우는 군의관 등 전문가에게 상의

7 건강문제

구 분	내 용
식별방법 (특징/징후)	■ 상급자에게 자신의 고통을 호소하며 의존적 태도를 보임. ■ 아무도 자신의 고통을 이해하지 않는다고 우울증 증세를 보임. ■ 적절한 치료를 받지 못하여 고통이 계속될 경우 난폭한 행동을 보임. ■ 훈련과 작업 등 힘든 일에 열외하려고 함. ※ 군무이탈, 자살, 구타/가혹행위, 왕따 등의 문제로 표출
원 인	■ 성병 등 각종 질병으로 인하여 고통을 받고 있거나 적절한 치료를 못 받는 경우 ■ 신체적 질환으로 주어진 임무를 제대로 수행하지 못할 경우 ■ 심한 정신적인 스트레스로 인해 심인성 신체증상을 호소하는 경우 ■ 건강상의 이유로 동료와 어울리지 못하고 소외감을 느낄 경우 ■ 군 생활이 힘들어서 꾀병을 부리는 경우 ■ 의가사 제대를 목적으로 거짓으로 정신이상 행동을 보이는 경우
상담방법	■ 진료를 통해 호소하는 신체적 질병이 꾀병인지, 심인성 증상인지, 기질적 증상(실제 건강에 이상)인지를 확인 ■ 꾀병인 경우는 증상에 대해 관심을 가져주지 말고, 비난하지 말며, 잘하고 있는 면에 대해 칭찬을 해주어 자신감과 잘하려는 동기를 갖도록 함(부적 벌과 정적 강화). ■ 심인성인 경우는 가급적 증상에 대해서는 언급을 하지 않으면서 스트레스를 받는 이유를 듣고 공감을 해주며, 증상이 심리적인 원인 때문이라는 것을 깨닫게 하고, 현실적으로 적절한 대처방안을 같이 찾아봄(부적 벌, 관계 형성, 통찰, 대안 수립). ■ 기질적 질환인 경우는 증상의 심각성 정도에 따라 후송이나 외진, 청원 휴가를 통해 조속히 치료하도록 함.
적절한 표현	■ 건강이 제일 중요한 거야. 소대장하고 의무실에 가 보자. ■ 몸이 많이 아픈데 선임병 눈치 보느라고 말도 못하고 힘들었겠구나! ■ 훈련 열외는 군의관 진료 후 생각해 보자. 훈련에 참가하더라도 참관만 하는 방법도 있으니까. ■ 지금이라도 말해서 다행이야. 그 동안 얼마나 고생했냐!
부적절한 표현	■ 꾀병 아니야? 엄살떠는 것 맞지? ■ 군대에서 그건 병도 아니야 그냥 까라면 까는 거야! ■ 의무실에나 한번 가봐라. 별 이상은 없을 것 같다. ■ 그 정도 가지고 훈련에 열외하면 훈련할 병사가 어디 있냐? 정신력으로 참아!
상담 후 조치	■ 군의관과 상담토록 조치, 신속한 치료, 외진, 청원 휴가 등 조치 ■ 내담자의 신체적인 문제를 주위병사들에게 알려주어 따돌림 당하지 않도록 교육 ■ 신체허약, 만성피로의 경우는 적절한 운동 권요, 자신감 부여, 신앙생활 권유, 필요시 보직 변경

8 성(性)문제

구 분	내 용
식별방법 (특징/ 징후)	■ 심한 모욕감과 수치심으로 혼자 괴로워함. ■ 분노, 스트레스로 인해 정신적으로 불안한 모습을 보임. ※ 군무이탈, 성추행 가해자에 대한 가혹행위로 표출
원 인	■ 동성애를 고민하는 경우 ■ 성폭력, 성추행을 가한 경우 ■ 성폭력, 성추행을 당한 경우
상담방법	■ 동성애에 대한 선입관이나 편견 없이 개방적인 자세로 내담자의 문제를 이해하고 공감해 줌(관계형성). ■ 수치심과 분노를 상담 장면에서 적나라하게 표현하도록 함(감정정화). ■ 감정이 심하게 고조되어 있을 때에는 근육이완을 시킴(근육이완). ■ 동성애나 성추행의 부정적 결과에 대해 깨닫도록 함(통찰). ■ 적절한 해결방안을 찾아 즉각적인 조치를 약속함(대안 수립).
적절한 표현	■ 정말 충격이 컸겠구나! 얼마나 놀랬니? ■ 창피하고 부끄러워서 아무에게도 말도 못하고 얼마나 괴로웠니? ■ 박 병장에 대한 분노로 많이 힘들겠구나! ■ 네가 비정상이 아닌가 하는 생각에 고민이 많겠구나!
부적절한 표현	■ 살다보면 별 일을 다 겪는 거야. 그냥 개에게 물렸다고 생각해. ■ 시간이 약이야 시간이 지나면 나아질 거야. ■ 너 정말 문제가 있는 것 같아. 당장 군의관을 찾아가보도록 해. ■ 그런 상황을 네가 적절히 잘 피했어야지.
상담 후 조치	■ 군의관 등에 의한 성교육 ■ 성 군기 문란행위 및 처벌 규정 교육 ■ 성추행 가해자에 대해서는 군의관, 법무장교의 조언을 받아 즉각 조치(법적 조치, 타 부대 전출 등) ■ 동성애의 경우 성격검사를 받아보도록 정신과 진료 조치 ■ 부대 내의 성폭력이나 성추행은 분명한 대응책과 신고체계 구축

9 자살문제

구 분	내 용
식별방법 (특징/징후)	■ 주위 동료들에게 죽고 싶다는 표현을 자주 함. ■ 수첩이나 노트 등에 삶을 비관하며 죽음에 대해 동경하는 내용 기록 ■ 매사에 의욕이 없고 우울증 증상을 보임 ■ 한밤중에 잠을 못 이루고 뒤척이거나 일어나 앉아서 깊은 생각에 잠김 ■ 자신이 아끼던 물건이나 돈을 동료에게 넘겨 줌 ■ 식사 양이 지나치게 많거나 적어짐 ■ 평소보다 말을 많이 하거나 말이 없어지고 대인기피증을 보임 ■ 과격한 언행을 하며 감정의 기복이 극도로 심해짐
원 인	■ 최근에 충격적인 일을 겪었을 때, 병영생활에 전혀 적응을 못할 때 ■ 스트레스를 이겨내는 힘이 부족할 때, 집단 따돌림을 당할 때, 애인이 변심했을 때, 집안에 심한 어려움이 있을 때, 정신적인 질환이 심할 때 (심한 우울증으로 열등감과 무가치감 및 자괴감을 가짐)
상담방법	■ 자살하려는 심정을 비판 없이 들어주고 공감해 줌(관계형성과 감정정화). ■ 자살의 방법을 구체적으로 생각해봤는지를 확인 ■ 자살 후 내담자를 아끼는 사람들의 반응에 대해 생각해 보도록 함(결과통찰). ■ 현재의 어려운 상황과 자기 자신의 문제에 대하여 제3자의 입장에서 생각해 보도록 하여 자신의 문제를 객관화 함(관점변화). ■ 자살하려는 마음에 내포된 비합리적 사고(나 같은 놈은 살 가치가 없다)와 부정적 사고(내 잘못이고 잘되기는 불가능하다)를 논박을 통해 합리적 사고로 바꿔 줌(비합리적 · 부정적 사고 교정). ■자살 이유를 해소할 수 있는 현실적인 다른 방안을 이야기함(대안수립).
적절한 표현	■ 인생이 힘들 때가 있으면 즐거울 때도 있겠지. ■ 지금의 너의 힘든 상황을 극복하기 위해 우리 같이 노력해 보자. ■ 어렵고 힘든 상황에서도 성공한 사람들이 많이 있어! 내가 그 사람의 책을 줄 테니까 읽어 봐라. ■ 바닷물은 3%의 소금으로 인해 썩지 않는 거야. 우리 마음속에 살고자하는 의욕이 3%만 있어도 우린 살아갈 수 있어. ■ 오늘의 절망, 참담함에서 벗어나 내일의 희망을 만들어 보자.
부적절한 표현	■ 죽는다고 모든 것이 다 해결 되냐! 그것은 책임회피에 불과해. ■ 너만 힘들고 어려운줄 아냐! 인생 자체가 힘든 것이야. ■ 남자가 뭐 그까짓 거 가지고 고민하냐! 시간이 지나면 다 해결될 텐데. ■ 네 인생은 네 거야! 누가 책임지냐! 네가 책임지는 거지.
상담 후 조치	■ 자살 징후가 농후하면 상담종료 즉시 자살 금지 서약서 작성 - 자살을 고민하고 있는 사람이 서약서 작성 시 자살을 막는 효과가 있다. - 모든 내용을 자필로 작성해야 효과가 있다. ■ 최소한 대대장까지 지휘계통으로 보고하여 자살의 원인을 해결할 수 있는 방법 강구하고 정신과 진료 조치 ■ 자살 우려자의 절친한 전우나 좋아하는 간부에게 관찰 임무 부여 (절대로 혼자 두지 말 것) ■ 비밀을 유지하려 애쓰지 말고 동료들이 알고 진심으로 도울 수 있도록 노력

10 진로문제

구 분	내 용
식별방법(특징/징후)	■ 전역을 앞두고 식욕을 잃고, 체중이 급격히 감소함. ■ 전역 전 밤에 잠을 잘 이루지 못함. ■ 전역 전 후임병들에게 짜증과 신경질을 심하게 부림. ■ 전역 후 무엇을 할지에 대해 주변사람들에게 물어보거나 이야기함.
원 인	■ 전역 후 무엇을 할 것인가 하는 진로에 대한 걱정 ■ 입대 전 다니던 대학과 전공이 마음에 안 드는 경우 복학여부에 대한 고민 ■ 입대 전 전문성과 안정성이 없는 직장에서 생활을 하다가 그만두고 입대한 경우 전역 후 취업에 대한 걱정
상담방법	■ 전역 후 진로문제로 힘들어하는 심정을 비판 없이 들어주고 공감해 줌(관계형성). ■ 내담자의 가치관, 성격, 흥미, 학업능력 및 환경 등을 파악하여 내담자에 대한 심층적인 이해를 함(통찰). ■ 인생의 우선적인 가치를 어디에 두어야 할지를 이야기 함(가치의 우선 순위화). ■ 원하는 학과나 직업에 대한 정보를 인터넷을 통해 검색해서 제공해 줌(정보제공). ■ 진로 정보(직업유형, 취업기회, 보수, 승진 가능성 등)와 내담자의 성격, 능력, 환경, 제한요소 등을 고려하여 합리적인 의사결정을 내림(의사결정). ■ 여러 가지 대안 중에서 내담자의 욕구와 실현가능성 등을 고려하여 최선과 차선을 대안으로 압축하고 내담자 스스로가 최종적으로 결정하도록 함(대안 수립). ■ 최종적인 결정 안을 성취하기 위한 실천계획을 수립하고 실천을 약속함. ■ 실천계획대로 열심히 노력하도록 함으로써 자기효능감 증진(자기효능감)
적절한 표현	■ 어떤 직업을 갖느냐는 인생에서 정말 중요하기 때문에 시간을 두고 진지하게 생각해 보자. ■ 직업에 대한 정보를 인터넷에서 검색해 왔는데, 네가 원하고 현실적으로 가능성이 있는 직업을 골라보자. ■ 직업을 선택하는데 있어서 네가 제일 중요시하는 것은 무엇이니?
부적절한 표현	■ 사람이 굶어죽지는 않게 되어 있어. 너무 걱정하지 마. ■ 지금 걱정한다고 될 일이냐? 마음 편하게 먹어라. 어떻게 되겠지. ■ 사회에 나가면 다 방법이 생기게 되어 있다. 뭘 미리 걱정해
상담 후 조치	■ 직업이나 진로 정보에 관한 인터넷사이트와 자료를 제공함. ■ 인터넷 사이트의 전문상담기관 등을 통해 적성검사를 실시하도록 도움 ■ 필요시 인터넷이나 직업상담 기관을 통해 직업상담사에게 진로에 대한 상담을 받도록 함. ■ 전역 시까지 지속적인 관심을 기울이고 도움이 되는 정보가 있으면 제공해 줌.

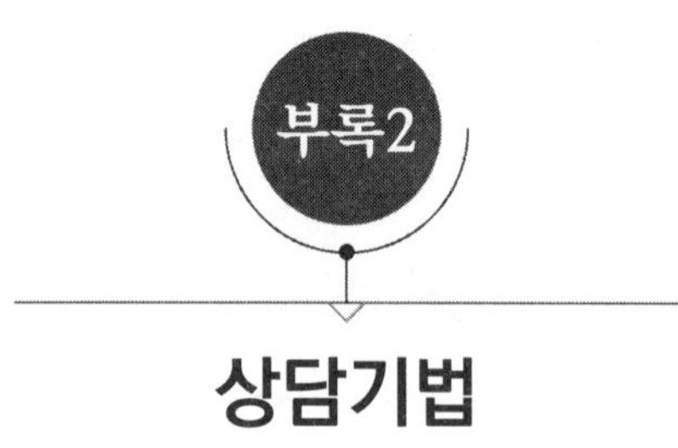

부록2 상담기법

본 부록에서는 상담의 긍정적 효과를 가져오는 요인과 기법들에 대한 선행연구들을 개관하였으며, 이러한 요인과 기법들 중에서 군대 장면에 효과적으로 활용할 수 있는 20가지의 상담기법을 선정하였다. 또한 각 상담기법에 대한 이해와 실제 상담에 대한 적용을 돕기 위해 각 상담기법을 활용하여 군대 장면에서 이루어진 상담사례를 제작하여 제시하였다(김완일, 군상담의 이론과 실제, 2006, pp.219~260).

상담의 효과를 가져오는 요인에 대한 선행연구들을 정리하면 다음과 같다.

- Strong(1968): 상담자의 전문성, 매력, 신뢰감 등
- Yalom(1970): 이타주의, 집단응집력, 보편성, 대인관계학습, 조언, 정화, 동일시, 가족 재구성, 자기이해, 희망 고취 등
- Ryan & Gizynski(1971): 공감, 경청, 지지, 동의, 충고, 믿음 등
- Frank(1973): 새로운 인지적 학습, 희망 고취, 성공 경험, 정서적 고양, 사회적 고립의 완화, 내담자 복지에 대한 관심, 내담자에 대한 영향력 등
- Bordin, Rosenberg, Croch, Holrotd & Themen(1979): 자기노출, 자기이해, 수용, 대인관계학습, 정화, 조언, 보편성, 이타주의, 동일시, 희망 고취 등
- Murphy, Cramer & Lillie(1984): 충고, 관심과 지지, 격려와 위안 등
- Stiles 등(1986): 내담자의 상담 동기, 상담에 대한 자기효능감, 내적 준거 틀에 대한 탐색
- Kellerman(1992): 상담자의 기술(능력, 성격), 감정 반응(정화, 감정 표출), 인지적 통찰(자기이해, 자각, 통합), 대인관계(참만남, 전이, 역전이 탐색과 학습), 행동 학습(상벌, 행동화), 상상(가상행동, 놀이, 흉내 내기), 비 특정 요인(신뢰성, 암시와 희망 고취) 등

- Blather(1997): 희망 고취, 보편성, 이타심, 정보 제공, 교정적 정서 체험, 사회화 기술 발달, 모방 행동, 대인관계 학습, 집단응집력, 정화, 실존적 문제, 자아 기능 강화 등
- Garfield(2000): 상담자와 내담자의 관계, 해석과 이해, 인지 수정, 정서 표현과 정화, 둔감화, 이완, 정보 제공, 정서적 위로와 지지, 내담자 기대, 노출과 직면 등

내담자 경험 요인에 초점을 두고 위에서 제시한 상담의 효과성 요인을 정리하면 다음과 같이 다섯 가지로 묶을 수 있다.

첫째, 자기노출과 정화 그리고 일치 경험을 촉진하기 위한 것들로서 상담관계, 자기노출과 정화, 이완, 일치, 수용 경험, 교정적 정서 체험 등이다.

둘째, 자기이해 경험을 촉진하기 위한 것들로서 정보 습득, 관점 변화, 인지적 통찰, 인지 수정, 자기개념 또는 자기효능감의 변화, 문제에 대한 설명 틀, 가치화, 긍정적 자기암시, 치료적 재경험, 이타성 및 보편성 인식 등이다.

셋째, 대안 및 목표 설정 경험을 촉진하기 위한 것들로서 내담자 기대, 목표설정, 계획 수립, 문제해결 대안 수립 등이다.

넷째, 실행과 그 결과로 일어나는 바람직한 행동 변화의 경험을 촉진하기 위한 것들로서 둔감화, 성공 경험, 대안행동 학습, 사회적 기술 학습 등이다.

다섯째, 기타 요인으로 생리와 관련된 심상, 최면, 바이오피드백, 식사, 운동, 약물 등이 있고, 심리와 관련된 강화, 모델링, 의사 결정, 역설, 주장 등이 있으며, 환경과 관련된 가족 구조의 긍정적 변화, 가족 내 긍정적 의사소통 증진, 가족 내 역할 조정, 지지 기반 형성 등이 있다.

1 관계형성

가. 정 의

관계형성의 내용은 내담자의 상담에 대한 동기 형성, 상담자의 내담자에 대한 이해와 수용, 내담자의 상담자에 대한 정서적 유대, 상담목표와 과제에 대한 상담자와 내담자의 합의, 절차 및 방법에 대한 상담자와 내담자의 합의 등이다. 관계형성을 원활하게 하기 위해서는 경청, 반영, 공감 및 수용 등의 상담방법이 효과

적이다.

관계형성은 상담의 시작 단계라고 할 수 있다. 따라서 병영생활에서 갈등 관계에 있는 병사를 상담하기 위해 상담 장면에서뿐만 아니라 평소에 소대장이나 중대장이 소초 순찰 중에 자연스럽게 병사들이 최근 힘들어 할 수 있는 사항을 우회적으로 질문하고, 상담 중에는 상담자와 내담자의 관계가 계급이 아닌 인격적인 관계임을 주지시키고, 상담자를 최대한 편하게 대하고 믿을 수 있도록 한다. 이때 병사들이 어느 정도 고민 사항을 인정하거나 말하면 상담자는 공감 및 경청을 통해 고민 사항에 대해 충분히 얘기할 수 있도록 이끌어 나간다.

나. 사 례

※ 중대장이 소초 순찰을 나가서 김 이병을 만난다.

김 이병	충성! 근무 중 이상무!
중대장	음 그래. 날씨 꽤 춥지?
김	아닙니다.
중	아니긴……. 귀하고 얼굴이 꽁꽁 얼었는데…….(귀를 만져준다.)
중	근무 언제 끝나니?
김	1시간 남았습니다.
중	그래? 그럼 근무 끝나고 중대장한테 들렀다 가라. 중대장실에서 차 한 잔 하자.
김	예. 알겠습니다.
	(잠시 후 중대장실)
김	들어가도 좋습니까?
중	음. 들어와.
김	이병 김고민 중대장님께 불려 왔습니다.
중	고민이 어서와 여기 앉을까?
김	예.
중	그래 근무 서느라 고생했어. 요즘 소대장들이 많이 힘들게 하지 않아?
김	(긴장을 하며) 아닙니다.
중	아니긴 중대장이 소대장들한테 너희들 좀 괴롭히라고 했는데…….(웃는다.)
김	(웃는다.)
중	응. 내가 고민이 오라고 한 것은 요즘 고민이 안색이 별로 좋지 않은 것 같

	아 보여서……. 물론 큰 문제는 없겠지만 그래도 중대장이 알지 못 하는 뭔가가 있는가 해서…….
김	별거 아닙니다.
중	음……. 사람은 누구나 드러내고 싶지 않은 고민이 있는 법이거든. 솔직히 중대장도 부대원뿐만 아니라 집사람한테도 말 못할 고민이 있는 걸……. 근데 있잖아. 고민이라는 게 내가 생각할 때는 이만큼 커 보이는 게 또 다른 사람이 생각하면 별것 아닌 경우가 있잖아. 그래서 혹시 고민이가 힘들어하는 문제가 있다면 중대장이 같이 생각해 볼 수 있지 않을까 해서 말이야. 나는 지금 중대장과 병사로서가 아니라 한 남자 대 남자로서 이야기하는 거야. 알겠지?
김	예.
중	그리고 여기서 얘기하는 건 우리 둘만의 비밀이니까 다른 사람한테 얘기하기 없기다.
김	예. 알겠습니다.

2 감정정화법

가. 정 의

문제행동은 부정적인 감정에 대한 억압 때문에 일어난다. 따라서 부정적인 감정을 언어 또는 비언어적 행동을 통해 밖으로 표출함으로써 감정정화, 즉 신체 또는 정서적 긴장의 감소와 이완, 억압에서의 해방감, 수용 경험과 안도감, 그리고 상황에 대한 새로운 조망 등의 상담 효과가 나타난다.

그러나 감정정화만으로는 상담효과가 제한적이다. 감정정화 이후에 인지적 변화, 문제해결 대안 수립, 실행, 정보 제공 등이 이루어졌을 때 상담 효과는 보다 크게 나타난다.

일반적으로는 감정정화를 촉진하는 방법은 수용, 공감, 구체성, 긍정적 해석 등과 같은 상담자의 태도, 그리고 내담자의 있는 그대로의 경험을 언어적으로 표현하도록 하는 언어화, 경험을 행동으로 표현하도록 하는 행동화, 경험을 그림이나 글 등과 같은 상징으로 표현하도록 하는 상징화, 죄책감과 관련된 경험을 표현하고 이와 관련된 새로운 다짐을 하도록 촉진하는 방법 등이 있다. 예를 들어, 병사의 고민을 공감해 주고 수용해 줌으로써 병사들의 마음속에 담아 둔 모든 감정을 표현하도록 할 수 있다.

나. 사 례

※ 가정의 경제적 문제와 선임병이 괴롭혀서 힘들어하는 김 이병이 있다.	
김 이병	중대장님께 드릴 말씀이 있어서 왔습니다.
중대장	어! 그래 앉아라.
김	예.
중	그래 무슨 일이지?
김	(잠시 머뭇거리다가) 저 사실은 요즘 너무 힘이 듭니다. 집 생각도 자주 나고, 자꾸 마음이 무거운 것 같습니다.
중	음……그랬구나. 요즘 김 이병을 힘들게 하는 게 많이 있었나 보구나.
김	예.
중	어떤 것들이 김 이병 마음을 무겁게 만드는지 중대장한테 얘기해 줄 수 있니?
김	(잠시 생각하다가) 우선 요즘 어머니께서 몸이 안 좋으셔서 걱정입니다. 지난번 신병휴가 내내 어머니 간병하느라 어머니 곁에 있었는데, 요즘 잠자리에 누우면 어머니 얼굴이 자꾸 떠오릅니다(눈물이 글썽거린다). 지난번에 누나한테 편지가 왔었는데 그 편지를 박 상병이 보고서 자기를 누나에게 소개시켜 달라고 하는 겁니다. 그래서 그냥 모른 척하고 가만히 있었더니 그때 이후로 계속 저를 못살게 괴롭힙니다. 박 상병은 사람을 너무 괴롭혀서 후임병들이 다 싫어합니다. 자기 모습은 생각도 안 하고……. (눈물을 터뜨린다.)
중	(휴지를 건네주며) 김 이병이 많이 힘들었구나!
김	(감정을 추스르다가) 게다가 얼마 안 있으면 분대 대항 사격대회가 있는데, 제가 훈련소 때부터 워낙 사격을 못해서…….우리 분대가 저 때문에 안 좋은 성적을 거두게 되면 어떻게 하나 걱정입니다.
중	그랬구나! 여러 가지 복잡한 일들이 김 이병을 한꺼번에 힘들게 하는구나! 그래도 우선은 여기까지 오기가 힘이 들었을 텐데 중대장을 찾아와서 이렇게 속마음을 이야기해 주어서 정말 고맙구나! 중대장이 너의 모든 문제를 다 해결해 줄 수는 없겠지만, 도울 수 있다면 최선을 다해 도와주마.
김	감사합니다. 솔직히 중대장님께 제 문제들을 해결해 달라고 찾아온 것은 아

	닙니다. 그냥 너무 마음이 답답해서 들어줄 사람이 필요했던 겁니다. 이렇게 중대장님께 털어놓고 나니 마음이 한결 홀가분해졌습니다.
중	그랬구나!
김	아까는 막 눈물이 날려고 했었는데, 선임병들이 보면 또 뭐라고 할 것 같아서 억지로 참았습니다. 그래도 중대장님 앞에서 울고 나니 마음이 후련해진 것 같습니다.

3 자기노출

가. 정 의

상담자가 내담자와 신뢰할 수 있는 인간관계를 맺으려면 상담자는 자신을 내담자에게 나타내 보이는 것이 좋다. 높은 수준으로 자기 노출을 하는 상담자는 과거, 현재, 미래의 참조 체제를 통하여 자기 자신을 진지하게, 그리고 구체적으로 나타내 보인다.

예를 들어 상담자는 과거에 자기가 어디서 무엇을 하였고, 어떻게 행동하였으며, 왜 그렇게 행동했는지, 그리고 어떤 가치관을 가졌고, 또 갖고 있는지, 삶의 목표가 무엇인지 등에 대해서 내담자에게 이야기해 줌으로써 상호 이해의 폭을 넓힐 수 있다. 효율적인 상담자는 가면을 쓰고 내담자를 대하지 않는다. 오히려 그는 독특한 자신의 면모가 허심탄회하게 내담자에게 알려지기를 바라며, 그 결과 내담자는 상담자의 인간으로서의 진면목을 알게 된다.

대화가 단절될 경우나 내담자가 자기노출을 꺼려 할 때 자연스럽게 상담이 지속될 수 있도록 필요한 경우에 한해서(내담자가 상담자에게 지나친 관심을 갖지 않도록 한다는 범위 내에서) 상담자는 자기노출을 할 수 있다. 예를 들어 선임 병사들과 갈등관계에 있는 소대장과 상담하는 중대장/대대참모 등이 자신의 소대장 시절에도 선임병사와 여러 가지 갈등 관계로 고민한 경험이 있었음을 표현할 수 있다.

나. 사 례

※ 선임병들 때문에 힘들어하는 소대장이 있다.

박 대위 그래 김 소위! 어서 들어와라. 요즘 무슨 고민이 있니?

김 소위 요즘 말 안 듣는 병사들 때문에 죽겠습니다.

박 자식들 정말 말 안 듣지?

김 (침묵)

박 나도 소대장할 때 선임병장들 때문에 애 좀 먹었지(웃으면서). 아 글쎄 가끔씩은 내가 탈영하고 싶더라니까! 병장들은 말 안 듣지, 그렇다고 두들겨 팰 수도 없지, 야~ 정말 괴롭더라고!

김 어제도 진지공사 작업하는데 선임병들이 작업은 하지도 않고 놀고 있기에 질책을 했더니 김 병장이 저에게 불만 섞인 태도를 보이는 겁니다.

박 그랬구나! 나도 소대장 때 해안의 격오지 소초로 발령이 났었지. 선임병장들이 근무도 제대로 서지 않을 뿐만 아니라 생활반 군기도 엉망이었지. 정말이지 참을 수가 없더라고…….그런데 가만히 생각해 보니, 내가 그 당시에 할 수 있는 게 아무것도 없었어. 그래서 더 답답하더라고…….

김 예. 맞습니다. 제가 할 수 있는 게 아무것도 없습니다.

박 그래서 내가 그 당시에 어떻게 했는지 아니?

김 어떻게 하셨습니까?

박 지금의 선임병들은 어차피 내가 무슨 말을 해도 바뀌지 않을 것 같아서 다음에 분대장을 달도록 되어 있는 상병들을 내 편으로 만들어야겠다고 생각을 했지.

김 아! 예.

4 분노 및 감정 조절 훈련

가. 정 의

군에서 발생하는 사건과 사고들이 분노의 폭발로 인해서 생긴다는 점을 생각할 때 분노의 감정을 제대로 처리하는 일은 매우 중요하다. 특히 엄격한 질서와 많은 절제를 요구하는 군대사회에서 분노를 적절한 방식으로 조절하고 처리하는 일은 무엇보다 중요하고 시급하게 다루어져야 할 문제이다. 분노와 감정조절에는 이완훈련법과 감정을 조절한 조절법, 행동을 통한 분노조절 등이 있는데 이 중 이완훈련법에 대하여 알아보자(군상담 이렇게 합시다, p.264~267, 손병철, 2009).

1) 이완훈련법

이완을 촉진하기 위한 방법으로는 신체를 긴장시켰다가 이완하는 방법, 신체적 힘을 점진적으로 빼는 방법, 특정한 대상이나 자극에 주의를 집중하는 방법, 호흡을 조절하는 방법, 심장을 통해 이완을 유도하는 방법, 암시를 통해 이완을 유도하는 방법, 기계를 이용하여 뇌파를 통제하는 방법, 요가와 같은 운동을 통해 이완하는 방법, 향기를 이용하여 이완하는 방법 등이 있다.

군에서는 전입 신병의 초기 부대적응 부담을 덜어 주는 차원에서 음악을 들려주거나 인생을 음미하는 시를 읽어 주거나 즐거운 장면을 상상하게 하거나 혹은 머리에서 발끝까지 근육이완 기법을 실시해서 긴장을 이완시키는 방법이 유용할 수 있다.

2) 우리 몸의 각 부분을 이용한 근육이완 기법

1. 주먹: 먼저 오른손 주먹을 꽉 쥐고 다음에는 왼손 그리고 두 손의 순서로 행한다.
2. 이두박근: 팔꿈치를 안으로 당겨 긴장시킨다.
3. 삼두박근: 팔을 뒤로 뻗으면 팔 뒤를 따라 긴장감이 흐른다.
4. 앞이마: 이마에 주름을 잡고 찌푸린다.
5. 눈: 지그시 감는다.
6. 턱: 턱을 다물고 아래, 윗니를 깨문다.
7. 혀: 입천장을 향해 힘껏 누른다.
8. 입술: 두 입술을 꾹 다문다.
9. 목: 힘껏 머리를 뒤쪽으로 누른다. 그리고 오른쪽으로 돌리고 다음에는 왼쪽으로 돌리며 머리를 가슴 부위 쪽으로 힘껏 숙인다.
10. 어깨: 한쪽 어깨를 으쓱하며 들어 올린 후 다른 쪽 어깨 그리고 양 어깨를 들어 올린다.
11. 가슴: 폐에 공기를 가득 채우고 그대로 유지한 후 토해낸다.
12. 위: 복부 근육을 긴장시키고 위를 앞으로 내민다.
13. 요추: 등을 뒤로 활처럼 굽혀 척추 아래 부분을 움푹 들어가게 하고 척추를 따라 긴장을 느낀다.
14. 엉덩이와 허벅지: 뒤꿈치를 수축시키고 다음에는 무릎을 폈다가 다시 수축시킨다.
15. 종아리: 발과 발가락을 아래로 누르면 종아리 근육이 긴장된다.
16. 발목과 정강이: 머리 쪽을 향해 발을 굽히면 정강이를 따라 긴장이 일어난다.

나. 사 례

※ 부대에 전입 온 지 한 달 된 김 이병의 사례다.	
중대장	김 이병! 전입 온 지 얼마나 되었지?
김 이병	예. 한 달 정도 되었습니다.
중	그래. 요즘 생활은 어때?
김	죄송합니다. 중대장님께서 신경 많이 써 주시는데……. 저는 나름대로 잘하려고 하는데, 막상 무언가 잘하려고 하면 긴장을 하게 되고 무서운 선임병 얼굴이 자꾸 떠올라서 그만…….지난번 소대대항 사격대회에서도 잘하려고 했던 건데 긴장한 나머지 조정간을 연발에다 놓고 사격을 해서(울먹이며) 저 때문에 저희 소대가 꼴찌를 했습니다.
중	아니야. 누구나 긴장을 하면 실수를 하는 법이지.
김	(감정을 추스르며) 예.
중	중대장이 긴장을 푸는 방법을 한 가지 알려줄까? 자, 중대장하고 같이 한번 해보자. 엉덩이는 의자의 절반 정도 기대고 허리를 곧바로 세운 다음에 등을 등받이에 편안히 기대봐. (김 이병을 살펴보며) 옳지. 그래. 그 상태에서 양 손은 계란을 쥔 것처럼 가볍게 말아 쥐고 눈을 감고 숨을 깊게 들이마셨다가 천천히 내뱉는 거야. 다시 한 번 더 천천히 . 그렇지. (2~3회 반복시킨다.) 자 그런 다음에 머릿속에 예전에 가장 편했던 순간을 떠올려 보는 거야. 가령, 따뜻한 봄 햇살 아래 파란 잔디밭에서 누워 잠을 청하는 모습. 아니면 추운 겨울에 따뜻한 이불 속에서 포근한 베개를 베고 잠을 자는 모습……. (잔잔한 음악을 틀어준다. 10여 분 후)
중	자! 이제 호흡을 크게 들이마시고 내쉬면서 천천히 눈을 떠보자. 기분이 어떤 거 같아?
김	예. 한결 편안하고 긴장도 덜 되는 것 같습니다.
중	그래? 그렇다니 참 다행이다. 그럼 다른 거 또 한 가지 가르쳐 줄까?
김	예.
중	자! 어깨에다가 천천히 힘을 주면서 목을 최대한 움츠려 보자. 이렇게 말이야. (시범을 보인다.)
김	(따라 한다.)
중	그런 다음에 최대한 힘을 준 상태에서 한 10초 동안 버텨 보는 거야. 중간에 힘을 빼면 안 돼.
김	(웃으며) 예.

중	자, 하나…… 둘…… 열. 이제 그러고 나서 한꺼번에 힘을 쫙 빼는 거야. 이렇게. (시범)
김	(따라 한다.)
중	어때?
김	예. 버티기가 굉장히 힘들었는데, 힘을 빼고 나니깐 몸이 시원하고 좋습니다.
중	그래. 이때 호흡도 함께 하면 참 좋아.
김	예.
중	만약에 병영생활하면서 혹은 훈련하면서 너무 긴장될 때 방금 중대장하고 같이 했던 이 방법을 한 번씩 해봐. 그럼 한결 좋아질 테니까. 알았지?
김	예. 중대장님 정말 감사합니다.

5 다양한 정보 제공

가. 정 의

일반적으로 내담자들은 중요한 사항에 대한 정보를 전혀 모르거나 정보가 부족하며, 잘못되거나 왜곡된 정보를 가지고 있는 경우도 있다. 이와 같은 경우에 내담자가 객관적인 정보를 습득하는 것은 치료적으로 매우 의미 있는 일이 된다. 내담자는 객관적인 정보를 습득함으로써 자신의 잘못된 인식을 수정할 기회를 가지게 되어 결국 문제 자체가 소멸되거나 문제에 대한 갈등이 줄어드는 성과를 얻을 수 있기 때문이다.

정보 제공의 효과는 내담자의 문제유형과 관련이 있다. 정보 제공이 효과적인 문제의 유형은 이성 교제, 대인관계, 건강 등이다. 이러한 문제와 관련하여 좌절, 불안, 죄책감 등이 일어날 때 정보 제공은 특히 효과가 있다.

군에서는 각종 전술훈련과 평가 등 부대 주요 일정 등을 부대원들에게 알려주고 예상되는 어려움 등을 상세하게 설명해 줌으로써 훈련에 대한 부담을 덜어 줄 수 있다. 또한 전역을 앞둔 병사들에게 진로와 관련된 정보를 제공해 줄 수 있다.

나. 사 례

※ 전역을 앞두고 진로문제로 고민하는 김 병장의 사례다.

김 병장 들어가도 좋습니까?

중대장 들어와.

김 예. 사실은 제가 다음 달이면 전역인데 전역하고 나서 뭘 해야 할지 몰라서 중대장님께 조언을 듣고자 왔습니다.

중 음! 그랬구나. 먼저 중대장을 찾아와 줘서 고맙고, 중대장이 최선을 다해서 도와줄게.

김 예. 감사합니다.

중 그래 음… 입대 전에 김 병장은 무슨 일을 하다 왔지?

김 예. 지방에 있는 대학 경영학과를 마치고 입대를 했습니다. 사실 취업하려고 했었는데 학벌도 별로고 마땅히 가진 재주도 없고 해서 취업이 되질 않아 거의 도피성으로 군에 입대한 것입니다.

중 특별하게 관심이 있거나 생각해 본 일은 있고?

김 솔직히 대학교 전공도 수능점수 맞춰서 간 데고 해서 별 관심도 없고, 제가 생각할 때 남들보다 특별하게 뛰어난 소질도 없는 것 같습니다.

중 그래. 그러면 김 병장이 어떤 일에 적합한지를 알려줄 수 있는 적성검사를 실시해 보는 것이 좋겠다. 의사 결정을 할 때 적절한 정보가 필요한데, 적성검사라는 게 자신에 대한 정보를 수집하고 체계화할 수 있는 수단으로 좋을 거야.

김 예.

중 그럼 우리 같이 인터넷 사이트에 접속해서 직업과 진로에 대한 정보를 알아보도록 하자.

김 예. 감사합니다.

중 아 참, 그리고 김 병장 집이 서울이라고 했지?

김 예.

중 서울 마포에 한국산업인력관리공단이라고 있는데 그곳에 가면 취업과 관련된 정보를 많이 얻을 수 있을 거야. 자신의 소질을 발견하고 개발하면서 다른 사람들보다 유리하잖아? 그곳에 가면 취업에 유리한 다양한 자격증과 관련된 정보를 많이 얻을 수 있을 거야. 다음번 휴가 때 꼭 한번 방문해 보는 게 좋을 것 같다.

6 관점 바꾸기

가. 정 의

관점이란 대상을 관찰 또는 인식하는 시발점으로서의 기본적인 입장이다. 관점은 1차, 2차, 3차적 관점이 있다. 1차적 관점은 기본 관점으로 내담자가 문제 상황에서 취하고 있는 관점을 말한다. 2차적 관점은 역 관점으로 내담자가 취하고 있는 기본 관점과 반대되는 관점을 말한다. 3차적 관점은 초월 관점으로 이원론에서 벗어나 객관적 또는 초월적인 입장을 취하는 관점을 말한다. 또 다른 측면에서 관점은 부정적 관점, 긍정적 관점, 초월적 관점으로 분류할 수 있다. 부정적 관점은 내담자가 문제 상황에서 취하는 관점으로 부정적인 측면에 초점을 두는 것이다. 긍정적 관점은 문제 상황의 긍정적인 측면을 보려는 입장이다. 초월적 관점은 부정과 긍정의 이원론에서 벗어나 문제와 관련되어 일어나는 현상을 하나의 객관적인 대상처럼 관찰하는 것이다.

관점 바꾸기를 활용할 때는 문제 상황과 관련된 내담자의 기본 관점이 무엇인지를 밝히고, 이러한 기본 관점과 연관된 역 관점 또는 초월 관점을 취하여 문제 상황을 새롭게 인식해 보도록 촉진하는 과정을 거친다. 그리고 역 관점 또는 초월 관점을 취하도록 하기 위해 상담자가 역 관점이나 초월 관점에서 상황을 해석하여 모범을 보이는 방법, 역할 연습 등을 통해 상대방 입장과 자신의 입장을 번갈아 가면서 생각해 보도록 하는 방법, 주변의 현명한 사람이나 전능한 신의 입장에서 상황을 보게 하는 방법, 시간적으로 과거나 현재 혹은 미래의 입장에서 생각해보게 하는 방법 등을 활용할 수 있다.

군에서는 선임병과 심각한 갈등 상황에 처해 있는 병사와의 상담에서 사용할 수 있다. 한 후임병은 선임병의 지시 및 언행 등이 불합리하다고 생각하면서 군 생활을 너무 힘들어하고 있다. 이러한 관점은 1차적 관점이나 부정적 관점으로 볼 수 있다. 후임병과 상담을 하면서 선임병의 입장을 설명한 후 선임병 나름대로의 입장과 역할이 있음을 이야기해 준다. 즉, 선임병의 관점에서는 그러한 행동들이 합리적인 행동이 될 수 있음을 생각해 보게 한다. 이러한 관점은 2차적 관점이나 긍정적 관점으로 볼 수 있다. 다음으로 선임병과 후임병의 관계를 벗어나 인간과 인간의 관계, 조직 전체 및 인생이라는 커다란 틀에서 문제를 봤을 때 어떠한 행동이 객관적으로 올바른 것인가를 내담자와 함께 생각해 본다. 즉 1차적 관점과 2차적 관점을 모두 살펴본 후 이러한 관점 모두를 통합하거나 초월할 수 있는 방법을 생각해 보는 것이다. 이러한 관점은 선임병과 후임병이 모두 만족할 수 있는 방법인 3차적 관점이 된다.

나. 사 례

※ 선임병인 박 병장이 일을 많이 시켜서 힘들어하는 김 일병의 사례다.

소대장 김 일병! 어서 와. 요즘 무슨 고민이라도 있니?

김 일병 소대장님 사실은 인사계원인 박 병장의 태도와 행동에 불만이 있습니다. 제가 얼마 전 박 병장의 후임병으로 일을 하기 시작했는데, 한 달 정도 되어갑니다. 그런데 그 동안 박 병장이 일을 너무 많이 시켜서 남처럼 자유시간을 가져 본 적이 손으로 꼽을 정도로 거의 없습니다.

저를 훈련시킨다는 명목 하에 이것저것 일을 닥치는 대로 시키는데, 특히 일과가 끝날 때만 되면 일을 많이 시킵니다. 중대장님이 박 병장에게 일을 지시하고 퇴근하시면 박 병장은 저한테 어떻게 하라고 시키기만 하고 식사하러 나가고, 결국에는 저 혼자 일을 하지 않으면 안 됩니다. 하루 이틀도 아니고……. 너무 불합리하고 저만 혹사시키는 것 같다는 생각이 듭니다.

소 그래? 박 병장이 너무 불합리하게 김 일병을 혹사시킨다는 말이군.

김 정말이지 박 병장만 없으면 업무량이 반으로 줄어서 군 생활을 아무 걱정 없이 잘 해낼 수 있을 것 같습니다.

소 그럼 박 병장이 지금까지 불합리하게 지시한 일들이 어떤 게 있지?

김 (한참 골똘히 생각하다가) 예를 들면, 중대장님께서 일과시간을 준수해야 한다고 강조를 하시는데도 박 병장은 저한테 일과시간이 끝나고 나서야 일을 시키고, 부대 운영이나 인사문제(휴가, 진급, 포상)에 관한 내용들을 처리하는 과정에서 아직 군대 경험이 미숙한 저에게 시키고 모르는 거 물어봐도 핀잔만 주고 잘 가르쳐 주지도 않습니다. 결국 일이 잘못 처리되면 그 책임추궁은 저한테 돌아오니 미치겠습니다.

소 그래! 일을 잘하고 싶은데 제대로 가르쳐 주지 않는 박 병장이 정말 못마땅하겠다.

김 예.

소 그럼 중대장님께 이런 내용을 말씀드려 본 적 있니?

김	아닙니다. 공연히 잘못 말씀 드리면 오히려 제가 혼이 납니다. 지난번 중대 행정반에서 박 병장에게 불평하였다가 '말이 많다'고 야단만 맞았습니다.
소	음! 그러면 이 일을 어떻게 처리하면 좋겠니?
김	(말을 하려다가 그만 침묵을 한다.)
소	(함께 침묵을 지킨다.)
김	(한참 생각하다가 불쑥 말을 한다.) 잘 모르겠습니다. 다만 박 병장이 저한테 일을 조금만 시키면 좋겠습니다.
소	그래! 할 일이 많기는 많은 모양이다. 근데 김 일병이 능력이 있고, 또 책임감이 강해서 박 병장이 김 일병을 앞으로 정말이지 훌륭한 후임병으로 만들기 위해 일부러 단련시키는 건 아닐까?
김	글쎄요.
소	솔직히 박 병장이 인사계원을 물려받을 때 전임 계원이 잘해 주기만 했지 일을 제대로 가르쳐 준 게 없잖아. 그래서 전임 계원이 전역하고 나서 박 병장이 처음에는 매우 힘들어했고……. 후임이 김 일병으로 정해지고 나서 기뻐하면서도 한편으로는 무엇을 어떻게 훈련시킬까 고민을 많이 하던데…….
김	정말입니까?
소	그래. 그리고 어떤 면에서는 중대장님께서도 김 일병의 능력을 인정하고 계신 것 같아. 중대장님께서도 오신 지 얼마 안 되셔서 처음에 매일 늦게 퇴근하고 그러셨는데 계원들이 중대장님의 업무를 열심히 도와서, 지금은 너희들을 믿고 일찍 퇴근하시잖아.
김	저도 그 점은 느끼고 있습니다.
소	우리가 작게 보면 조그만 행정업무나 하고 있는 것 같지만, 김 일병뿐만 아니라 다른 중대원들, 중대장님, 그리고 나아가서는 우리 군을 위해 아주 중요한 일을 하고 있는 거라고. 때로는 어려운 일도 즐거운 마음으로 참고 이겨내면 훗날에는 좋은 결과가 올 것이라고 생각해. 혹시 알아? 나중에 김 일병도 후임병 받으면 목에 힘주고, 자랑스러워할 날이 올 거야. 힘들게 고생한 만큼 훨씬 더 값진 것 아니겠어?
김	(씩 웃으며) 예. 그렇습니다.
소	언제 기회를 봐서 박 병장하고 단둘이 김 일병의 어려움을 허심탄회하게 이야기해 보는 게 어때? 처음에는 용기가 나지 않고 쑥스럽겠지만, 금방 친해질 거야. 예전에 박 병장 처음 계원되었을 때 얘기하면서 말이야…….
김	(머리를 긁적이며) 예. 알겠습니다.

7 통 찰

가. 정 의

통찰은 이해, 의식화, 각성, 자각, 깨달음, 알아차림 등과 같이 여러 가지 용어로 쓰인다. 통찰이란 새로운 것을 발견하여 알아차리는 것이다. 즉 의식하지 못하던 새로운 것을 의식하게 되거나 전보다 더 넓고 깊게 인식할 수 있게 되는 것이다. 또한 다른 의미나 가치를 발견하거나 모르고 있던 원리를 알게 되는 것도 포함한다.

통찰을 촉진하기 위한 방법으로는 구체화, 맞닥뜨림, 해석 등이 있다. 상담자는 이러한 방법을 통해 내담자의 혼란스럽고 불일치하며 통합되지 않은 경험의 일부를 통합하도록 촉진할 수 있다.

상담자는 내담자가 자신의 과거의 행동이나 앞으로 취할 행동의 결과에 대해 통찰하도록 촉진하며, 목표와 행동 및 결과 간의 관계(예: 친구에게 인기를 끌고 싶어 하면서도 쌀쌀맞게 대해서 결국 친한 친구가 없다.)에 대한 통찰과 표현이 안 된 감정 및 생각에 대한 통찰을 촉진할 필요가 있다. 내담자는 자기의 신념과 가치관에 대한 통찰이 필요하며, 자기의 행동이 타인에게 어떤 영향을 미치는지 혹은 타인의 행동이 자기에게 어떤 영향을 주는지, 현재의 환경이 자신에게 기대하고 요구하는 바가 무엇인지에 대한 통찰이 필요하다. 예를 들어, 부대 안에서 위험인물로 지목되고 성격이 거칠고 괴팍하여 전우들과 자주 다투는 병사가 있을 때, 그 병사는 알고 보니 사회와 자신의 처지에 대한 불만이 쌓여 공연히 시비를 걸고 싶고, 자신의 진로에 대해서도 고민이 많으나 구체적인 대안이 없으며, 자신처럼 어려운 처지에 있는 사람들한테는 잘해 준다는 점을 깨닫게 해 준다. 그러한 경험들이 무의식중에 그 병사의 행동을 과격하게 만들었음을 깨닫도록 함으로써 스스로 문제의 원인 및 해결책을 찾을 수 있도록 상담을 유도한다.

나. 사 례

※ **며칠 전 동기인 조 상병과 싸운 김 상병의 사례다.**	
중대장	그래 들어와. 김 상병! 며칠 전에 조 상병과 시비가 붙어서 다툰 일이 있었지?
김 상병	예.
중	사실은 오늘 중대장이 김 상병을 부른 이유는 김 상병 얘기를 듣고 싶어서야.
김	(아무 말도 하지 못한다.)
중	그래 김 상병 생각에는 본인이 자주 주변 사람들과 다투고 있다고 생각하지 않아?
김	(고민하더니) 예. 그런 것 같습니다.
중	음… 솔직히 중대장은 남자들이 이유가 어떻든 간에 싸울 수도 있고, 의견충돌이 생겨서 시비가 붙을 수가 있다고 생각해. 더군다나 서로 다른 환경에서 20년을 넘게 살아온 너희들이니까. 그럴 수 있다고 생각해. 중대장도 가끔 끓어오르는 분노를 참지 못할 때가 있으니까……. 그런데 김 상병은 조금 정도를 넘어선 거 같다. 어떻게 생각하니?
김	죄송합니다.
중	이번에 조 상병하고 왜 다투게 되었는지 중대장한테 말해 줄 수 있겠니?
김	(한참을 머뭇거리다) 그냥 조 상병의 모든 게 마음에 들지 않습니다. 옷차림, 말투, 행동…… 제가 쭉 지켜봐 왔는데, 제 마음에 하나도 들지 않습니다.
중	그래……. 그런 사람이 있지. 조금만 더 구체적으로 말해 볼까? 특별히 마음에 들지 않는 경우가 있을 텐데.
김	(고민하다가) 한번은 조 상병이 휴가 나갔다가 복귀하면서 떡을 많이 사들고 왔는데 저보고 너는 휴가 나가서 아무것도 안 사 가지고 오니깐 먹지 말라고 하는 겁니다. 그래서 홧김에 제가 떡 상자를 발로 찼는데 조 상병이 먼저 제 멱살을 잡는 바람에 저도 모르게 감정이 복받쳐서 싸운 적이 있습니다.
중	그랬군. 충분히 이해가 가는 상황이야. 근데 말이지. 조 상병이 그런 말을 했을 때 그냥 농담으로 받아들일 수도 있었을 텐데. 김 상병이 굳이 떡상자를 발로 찰 정도였을까?
김	뭐 지금 생각해 보니 그렇지만 그때는 저를 무시하는 거 같고, 깔보는 것 같아서 참을 수가 없었습니다.
중	무엇을 무시하였다는 거지? 어떤 점에서?
김	솔직히 저라고 왜 휴가 갔다 복귀할 때 맛있는 거 안 사들고 오고 싶겠습니

	까? 근데 사실 제가 중학교 다닐 때 아버지께서 돌아가시고, 어머니께서 혼자 집안일을 꾸려 오셨는데 얼마 전 교통사고를 당하셔서 병원에 누워 계시고, 고등학생인 여동생 혼자서 어머니 병 수발과 집안 살림을 도맡아 하고 있습니다. 저도 솔직히 군 입대 전에 대학교에 진학하고 싶었지만, 집안 사정이 여의치 않아 스스로 포기했었고…….(목이 멘다)
중	그랬었구나!……근데 조 상병이 김 상병의 그런 사정도 모르고 괜히 아픈 곳을 건드린 거로구나!
김	저는 괜히 집안이 부유하거나 대학을 다니다가 온 사람만 보면 화가 나고, 저 자식은 나보다 뭐가 잘나서 저렇게 아무 걱정 없이 지낼까? 아! 세상은 정말로 불공평하다는 생각만 듭니다.
중	음. 그래……. 그렇다면 중대장이 지금까지 김 상병을 잘못 오해하고 있었구나. 지금까지 김 상병은 아무 이유 없이 싸움만 일으키는 문제 병사라고 생각했는데, 사실은 집안 사정으로 인해 지금까지 고민하고 상처받아 누구보다도 힘들었던 경험을 가지고 있었구나! 그래서 괜히 김 상병보다 좋은 조건에서 인생을 비교적 순탄하게 살아온 다른 동료들을 볼 때마다 일종의 불만과 질투심이 생기게 되고 그 감정을 조절하지 못하고 아주 작은 일에도 폭발했던 거야.
김	(아무 말 없이 생각 중)
중	중대장은 김 상병이 누구보다도 힘들었을 거라고 느껴진다.
김	(눈물을 글썽이며) 중대장님! 그 동안 말썽만 부린 점 죄송합니다. 앞으로 잘하겠습니다.
중	그래. 그런 일이 있을 때마다 언제나 고생하시는 어머니 얼굴을 떠올리고, 중대장 생각도 하면서 참도록 노력해 보렴. 정 참기 어려울 땐 중대장을 찾아오고……알았지?
김	예. 알겠습니다. 감사합니다.

8 비합리적 사고의 교정(논박)

가. 정 의

논박(Disputing)은 엘리스(Ellis)라는 심리학자가 주장한 상담기법이다. 일반적으로 인간을 이해하고 상담하는데 지, 정, 의라는 세 가지 측면이 핵심적 요소가 된다. 智는 사고, 생각, 신념을 의미하며, 情은 정서, 감정, 느낌이고, 意는 의지,

행동이다. 엘리스는 지, 정, 의의 세 가지 측면 중 지, 즉 사고를 가장 중시하였다. 인간의 생각이 감정과 행동을 지배한다고 본 것이다. 따라서 상담 장면에서 내담자의 생각을 바꾸면 자연스럽게 감정과 행동의 변화가 일어난다는 것이다. 또한 엘리스는 인간에게 문제가 생기는 이유를 비합리적이고 자기 파괴적인 잘못된 생각에 있다고 보았다. 논박이란 비합리적인 생각을 합리적이고 바람직한 생각으로 바꾸는 방법이다.

논박의 구체적인 내용을 소개하면 다음과 같다. 논박은 A-B-C-D-E의 다섯 가지 과정으로 이루어진다. A(Activating Event)는 선행사건으로서 개인에게 일어난 사건이나 상황이다. B(Belief system)는 신념체계로서 어떤 사건에 대해 개인이 갖게 되는 사고방식을 의미한다. C(Consequence)는 결과로서 선행사건에 접했을 때 각 개인의 반응이나 정서적 결과다. D(Disputing)는 논박으로서 비합리적 신념에 도전하여 사리에 맞는지 검토하도록 촉구하는 것이다. E(Effects)는 효과로서 비합리적 신념을 논박해 합리적 신념으로 바꾼 다음 느끼는 자기 수용적인 태도와 긍정적인 감정의 결과를 의미한다.

엘리스는 A(선행사건)가 C(정서적 결과)를 초래하는 것이 아니라 A에 대한 믿음인 B(신념)가 C를 초래한다고 본다. 예컨대, 김 이병은 군 입대 후에 극심한 우울증을 경험한다고 하면, 군 입대라는 사건 자체가 김 이병으로 하여금 우울증을 경험하게 하는 원인이 아니라 군 입대에 대한 김 이병의 부정적이고 비합리적인 생각이 우울을 초래한다고 보는 것이다. 군 입대라는 똑같은 상황에서 박 이병은 우울을 경험하지 않을 수도 있다는 것이다. 따라서 부정적인 정서반응을 일으키는 비합리적인 생각을 합리적인 생각으로 바꾸어 주는 논박이 문제해결의 핵심이 된다. 비합리적인 생각의 특징은 반드시 어떻게 해야 된다는 당위성이다. 이러한 당위적 사고를 소망적 사고(예: 이렇게 되었으면 좋겠다.)로 바꾸는 것이 논박이다. 예컨대 구속 받는 것은 죽는 것보다 못하며 반드시 자유로워야 한다는 김 이병의 비합리적인 생각을 논박을 통하여 자유롭게 살고 싶지만 현실을 받아들여야 한다는 합리적 생각으로 바꾸는 것이다. 논박이 성공을 하면 E(효과)로 적절한 정서와 적응적 행동이 나타난다. 즉 김 이병이 군 생활에 잘 적응하게 된다.

나. 사 례

※ 김 병장은 전역을 4개월 앞두고 소대에서도 선임 병사다. 그런데 2년 동안 사귀었던 여자 친구에게 이별을 통보받고 마음에 상처를 입은 상태다. 평소에 그와 친하던 이 병장의 말에 따르면 김 병장은 예전에 활달하고 소대 일에도 적극적으로 참여하고 했으나 현재는 무기력하고 한숨으로 시간을 보낸다고 한다.

소대장 요즘 얼굴이 안 좋아 보이던데 집안에 무슨 일이라도 있는 거니?

김 병장 그게 아니라 실은 일주일 전에 여자 친구와 헤어졌습니다.

소 그래. 마음이 많이 아프겠구나.

김 대학교 1학년 때부터 제가 많이 좋아했던 여자 친구인데……. 이렇게 이별 통보를 받으니 아무것도 할 수가 없습니다. 정말 죽고 싶습니다. 여자 친구가 정말 밉고 복수를 하고 싶습니다. 앞으로는 어떤 여자를 만난다 해도 누군가를 좋아할 수 없을 것 같습니다.

소 네 마음은 충분히 이해가 간다. 사실은 소대장도 예전에 3년 넘게 사귀던 여자 친구와 헤어졌거든. 그때의 마음은 겪어보지 않은 사람은 모르지. 그런데 죽고 싶은 마음이 든다는 건 왜 그럴까?(침묵)

김 여자에게 걷어차이는 놈은 살 가치가 없다고 생각합니다.

소 그건 너무 극단적인 생각이 아닐까? 여자 친구와 잘 지내면 좋겠지만 그렇지 않을 수도 있다고 생각하는 건 어때? 여자 친구에게 복수를 한다는 것은 무엇을 어떻게 한다는 거지?

김 예. 지금 마음 같아서는 여자 친구 집에 찾아가서 한바탕 뒤엎고 욕도 실컷 해 주고…….

소 음…….그렇게 하면 결과가 어떻게 될까? 과연 뭐가 나아질까?

김 …….

소 그렇게 한다고 지금 상황을 돌이킬 수 있을까?

김 오히려 더 안 좋아질 것 같습니다.

소 그래. 보다 현실적으로 생각해 보자. 어떻게 하는 게 김 병장 자신을 위해서도 좋은 복수 방법일까?

김 보란 듯이 열심히 해서 성공하고 더 멋진 여자와 사귀는 겁니다.

소 맞아! 정말 그래. 그런 맘으로 앞으로 생활하면 어떨까?

김 네. 알겠습니다.

9 자기효능감의 증진

가. 정 의

자기효능감이란 반두라(Albert Bandura, 사회학습이론 창시자)가 주장한 개념으로서 목표를 달성하기 위해 필요한 행동을 할 수 있는 능력이 자신에게 있다고 믿는 것을 뜻한다. 즉 자기효능감이 높은 사람은 주어진 일을 성공적으로 수행할 수 있다고 자신을 믿는 것이다. 자기효능감을 증진시키기 위한 방법으로 성공 경험, 대리 경험, 설득과 격려, 결과에 대한 긍정적 해석 등의 네 가지가 있다.

예를 들어, 소대에 처음 전입해 온 이병들은 대부분 자신의 감정을 겉으로 표현하지 않고 억제하게 된다. 새로운 환경에 적응하지 못하면 주의 산만이나 불안, 우울 등의 증상들이 쉽게 찾아온다. 이러한 병사들에게는 격려와 칭찬이 중요하다. 우선 쉬운 일을 맡겨서 그들이 소대에 도움이 되고 있다는 생각을 가지게 만들어야 한다. 자신이 조직을 위해서 하고 있는 일에 성공적이라고 느끼면 그들은 점차 자신감을 가질 수 있을 것이다.

나. 사 례

※ 사단 순찰자가 소초에 방문하였을 때 소초 상황병이 너무 당황한 나머지 상황보고를 실수하여 대대장으로부터 혼이 나게 된다. 상황병은 내성적인 성격이며 말주변이 없어서 자책을 하고 있는 상황이다. 그 사건으로 인해 표정이 어둡다고 판단한 중대장은 상황병을 조용히 불러 상담을 실시하였다.

중대장　음! 김 상병 어서 와.

김 상병　예.

중　사실은 지난번 사단 순찰자가 왔을 때 상황보고 일 때문에 많이 힘들었지?

김　(눈을 피하면서) 아닙니다. 괜찮습니다.

중　음! 솔직히 중대장도 처음에는 그 얘기를 대대장님으로부터 듣고 나서 당황했었는데 김 상병에게도 무언가 이유가 있었겠지 라는 생각이 들더구나. 너를 야단치거나 책임을 묻기 위해서 부른 게 아니고 너의 이야기를 듣고 싶어서 부른 거니깐 마음 편하게 얘기해 보렴.

김　(머뭇거리더니) 저……. 사실 저는 상황병을 할 자격이 없는 놈입니다.

중　응? 그게 무슨 말이니?

김	사실은 제가 성격적으로 내성적인데다가 남들 앞에 서는 것을 두려워해서 말도 더듬고 했었는데, 상황병은 육체적으로 덜 힘들 것 같아서 동기들한테 양해를 구하고 억지로 상황병이 된 건데 이렇게 될 줄은 몰랐습니다.
중	아니야. 중대장 생각에는 사람은 누구나 내성적인 부분이 있다고 생각해. 개인적인 특성이기 때문에 너무 자책할 필요는 없다고 생각해.
김	그때도 평소에 대비하지 않고 있다가 갑자기 사단에서 순찰을 나왔다고 하니깐 너무 긴장한 나머지 그 동안 외웠던 것이 순간적으로 생각이 나지 않는 겁니다. 정말이지 그 순간만큼은 쥐구멍에라도 숨고 싶었습니다.(고개를 떨어뜨리며 괴로워한다.)
중	예전에 말이야. 중대장이 임관하고 처음으로 배치 받은 곳이 어느 해안 소초였어. 거기는 군사적으로 아주 중요한 곳이어서 높은 분들이 소초를 자주 방문하셨지. 근데 처음에 사단장님께서 우리 소초를 방문하신 거야. 중대장도 그때 당시 얼마나 긴장이 되던지 다리가 후들거리더라니깐. 지금은 중대장도 브리핑을 잘한다는 얘기를 듣지만 예전에는 실수도 많이 하고 혼나기도 많이 했던 게 사실이야.
김	정말입니까?
중	그럼. 처음부터 브리핑을 잘하도록 태어난 사람이 어디 있어?
김	그건 그렇습니다.
중	그래. 너무 스스로를 자책할 필요는 없는 것 같아. 오히려 무슨 일을 할 때 긴장하고 있다는 것은 그 일을 할 때 더 잘해야겠다는 의지가 강하다고 해석할 수 있는 것이거든. 잘하나 못하나 별 관심도 없는 일을 할 때는 긴장을 하지도 않지.
김	(웃는다.) 그래도 중대장님과 대대장님께 너무 죄송스럽습니다. 괜히 저 때문에…….
중	음……. 김 상병은 잘하는 점들이 아주 많아. 혹시 기억나니? 해안근무 교대한다고 했을 때 김 상병이 탄약 개수를 셈하면서 실제 목록과 차이가 나는 품목을 두 군데나 발견했잖아. 김 상병의 꼼꼼하고 침착한 성격이 아니었으면 꼼짝없이 우리 중대가 탄약 개수에서 착오를 뒤집어 쓸 뻔했지.
김	아! 예. 그땐 전 단지 제가 해야 할 일을 묵묵히 했을 뿐입니다.
중	아니야. 김 상병의 차분하고 꼼꼼한 성격이 아니었으면 큰일이 날 뻔했지.
김	아닙니다.(웃으며 머리를 긁는다.)
중	그래 실수는 누구나 하는 거야. 하지만 그러한 잘못을 왜 하였는지 생각해

	보고 앞으로 똑같은 잘못을 되풀이하지 않으면 되는 거야. 괜히 스스로를 자책할 필요는 없는 일이야. 솔직히 상황병이 편하다고들 생각하는데 천만의 말씀이야. 근무를 나가지 않아서 몸은 편할지 모르지만, 계속되는 상황 유지하랴, 각종 일지 기록하랴, 대대지시사항 종합하고 전파하랴……. 하는 일이 좀 많아?
김	그건 그렇습니다.
중	그래. 김 상병은 우리 중대에서 꼭 필요로 하는 사람이라고. 지난번 일은 말끔히 잊어버리고 새로운 마음으로 열심히 다시 시작하는 거야. 자신을 괴롭히지 말고…….알았지?
김	중대장님! 감사합니다.

10 가치의 우선순위화

가. 정 의

가치화란 어떤 대상에 대하여 주관적으로 중요성의 정도를 평가하는 것이다. 사람들이 스트레스나 갈등을 줄이기 위해서는 가치의 우선순위를 정하여 중요한 것부터 해 나가는 것이 필요하다. 또한 둘 중 하나를 선택해야 되는 상황에서 우선순위가 높은 쪽을 선택하는 것이다.

나. 사 례

※ 장기복무 신청을 할 것인지 말 것인지에 대해 고민하고 있는 김 하사가 있다.

중대장	그래. 요즘 김 하사 표정이 밝지 못한데, 무슨 고민거리라도 있니?
김 하사	저의 아버지는 30년째 조그마한 중소기업을 운영하고 계십니다. 제겐 형이 한 명 있는데, 아버지는 항상 형과 제게 입버릇처럼 “너희 중 누군가는 가업을 물려받아야 된다.”라고 말씀하셨습니다. 하지만 내심 장남인 형이 이어받길 바라셨습니다. 그런데 형은 어릴 때부터 음악에 관심이 많았습니다. 그래서 항상 음악을 공부하겠다고 했고, 그로 인해 아버지와 종종 다툼이 있었습니다. 그러다가 2년 전 형이 아버지의 반대를 무릅쓰고 음대에 들어간 다음, 아버지와 크게 다투고는 집을 나가 버렸습니다. 그때부터 아버지는 형 얘기만 나오면 거의 이성을 잃다시피 흥분을 하십니다. 그러고는 그때부터 제게 “더 이상 네 형은 내 아들이 아니다. 내게 아들은 너 하나다.”라고 하시며 제게 가업을 이어 받아야 한다고 말씀하기 시작하신 겁니다.

중	그랬구나! 그럼 그런 아버지의 기대에 대해 김 하사의 생각은 어때?
김	사실 저는 어릴 때부터 군인이 되는 것이 꿈이었습니다. 그래서 간부로 군에 입대하게 된 겁니다. 동료들과 함께 땀을 흘리며, 끈끈한 전우애를 나누는 것이 제겐 너무나도 좋습니다. 저는 군 생활이 적성에 맞습니다. 그래서 제 바람은 계속해서 군 생활을 하고 싶은데, 아버지께서는 빨리 전역해서 가업을 물려받으라고 하십니다. 아버지의 뜻대로 하자니 그것은 제 인생이 아닌 것 같아 싫습니다. 그렇다고 군 생활을 계속하자니 형에 이어 저도 아버지의 뜻을 거스르게 되는 것 같아 이러지도 저러지도 못하고 있습니다.
중	음! 정말 고민이 많겠구나. 그런데 우리가 살다 보면 그런 선택의 문제에 봉착하게 되는 경우가 참으로 많아. 이것을 하자니 저것이 걸리고, 그렇다고 저것을 하자니 이것이 걸리고, 그런 경우에는 자신의 인생에서 중요하다고 생각하는 가치관이 어떤 것인가 좀 더 깊이 탐색해 보는 것이 큰 도움이 돼. 즉, 김 하사가 아버지의 뜻을 따를 때 앞으로의 삶에서 얻는 것과 잃는 것이 무엇인지, 또한 김 하사의 뜻대로 군 생활을 계속할 때 얻는 것과 잃는 것이 무엇인지 한번 차분하게 생각해 보는 시간을 가져 보는 거야. 그렇게 진지하게 자신의 선택이 이후의 삶에 가져올 이해득실을 하나하나 따져보고 정리한다면, 혼란스럽기만 한 자신의 생각이 하나 둘 정리가 되고 어느 쪽이 진짜 인생을 투자할 만한 가치가 있는 것인지, 삶의 우선순위가 무엇인지 알게 되지, 의사 결정을 위해 대차대조표를 이용하는 것도 좋은 방법이야. 즉, 자신의 선택이 가져올 장단점을 하나씩 기록해 보면서 양쪽을 대조해 보는 방법이지. 그렇게 기록을 하게 되면 머릿속에서만 맴돌던 생각이 정리가 되면서 의사 결정에 훨씬 큰 도움을 주게 돼. 그것을 토대로 의사 결정을 하면 훨씬 바람직한 선택을 하게 되지. 어때 한번 해보지 않을래?
김	네. 알겠습니다.

11 긍정적 자기암시

가. 정 의

자기암시란 자기 자신에게 어떤 결과가 나타날 것이라고 반복해서 생각하는 것을 말한다. 긍정적 자기암시는 자신에게 좋은 결과가 나타날 것이라고 생각하는 것이다. 긍정적 자기암시를 촉진하기 위한 방법은 명확하고 짧게(불명확하고 길지 않게), 긍정적으로(부정적이지 않게), 현재와 연관되게(현재와 무관하지 않게), 반복해서 자기 지시를 하며(한두 번 하고 그만두지 않게), 암시 결과에 대한 확신을 가지도록 하는 것이다.

나. 사 례

※ 단독군장 구보를 할 때마다 너무 힘들어하는 김 이병의 사례다.	
김 이병	하루하루가 너무 힘이 듭니다. 단독군장 구보를 하는 매주 수요일만 되면 정말이지 어디론가 사라져 버리고 싶다는 생각이 간절하기만 합니다.
소대장	그래? 항상 밝은 표정으로 생활하던 김 이병에게 그런 고민이 있었구나!
김	수요일에 실시하는 단독군장 구보가 왜 이렇게 버거운지 모르겠습니다. 훈련소에 있을 때만 해도 그렇게 힘들지는 않았습니다만 이곳에 와서 선임병들과 함께 뛰다보니 무척 부담스럽고, 그래서 그런지 더 힘든 것만 같습니다. 간신히 뛰기는 하지만 정말이지 조만간 낙오할 것만 같습니다.
소	누구에게는 별일 아닌 일이 누구에게는 정말 견디기 힘든 일이 될 수도 있지. 그리고 그런 일들의 대부분은 같은 상황을 어떻게 생각하고 어떤 마음을 먹느냐에 따라 달라지기도 하고. 김 이병이 훈련소에 있을 때에는 그렇게 힘들지 않았다고 했는데, 왜 그때는 견딜 만했지?
김	그때는 저뿐만 아니라 모든 동기들이 힘들어했습니다. 그렇지만 동기들끼리 서로 격려도 하면서 힘을 북돋아 주기도 했고, 때로는 저보다 더 힘들어하는 동기들을 보면 오히려 그들을 위로해 주면서 제게 위안이 되기도 했습니다. 그런데 이곳에서는 모두들 저만 바라봅니다. 그리고 모두들 제게 "난 잘 뛰는데 넌 왜 그렇게 힘들어하냐?" 하는 듯한 눈빛들입니다. 정말 심적인 부담이 이만저만이 아닙니다.
소	그랬구나! 그런데 혹시 이런 생각을 해 본 적은 없니? 선임병들 대부분이 김 이병을 바라보는 이유가 김 이병을 못 믿어서가 아니라 그들도 힘이 들지만 잘 뛰고 있는 김 이병을 보면서 "막내인 김 이병도 저렇게 잘 뛰는데 내가 낙오하거나 힘들어하는 모습을 보이면 안 되지." 하는 생각을 하고 있다고 말이야.
김	그런 생각을 해본 적은 없습니다. 선임병들은 모두들 잘 뛰는 것 같습니다.
소	물론 잘 뛰는 선임병들도 있지. 하지만 김 이병을 바라보는 시각은 다양해. 사실 그냥 구보도 아니고 군장구보는 누구나 힘들어하는 거야. 10년 이상 뛴 나도 힘들 때가 있거든. 그런데 이병이 낙오하는 것과 병장이나 상병이

	낙오하는 것 중에 누가 더 창피하겠어? 구보할 때마다 선임병들은 김 이병보다 더 큰 심적 부담을 갖고 있어. 앞으로 이렇게 생각해 보는 게 어떨까? "나와 함께 뛰는 선임병들은 모두 나보다 더 큰 부담을 안고 있다. 오히려 내가 잘 뛰는 모습을 보여 그들을 격려해 줘야겠다."고 말이야. 훈련소 때 힘들어하는 동기들을 독려해 줌으로써 김 이병이 오히려 힘을 얻었듯이 그 때처럼 직접 말은 못하지만 잘 뛰는 모습으로 힘들어하는 선임병들을 도와주는 거지. 그리고 구보하면서 힘이 들 때마다 마음속으로 그런 생각을 떠올려 봐. 훈련소 때 힘들어하던 동기들을 격려해 주던 김 이병의 멋진 모습을 말이야.
김	네. 그렇게 한번 해보겠습니다.

12 적절한 목표 설정

가. 정 의

상담목표란 상담을 통해 성취하고자 하는 결과를 의미한다. 잘 설정된 상담목표는 상담자와 내담자 모두에게 방향성을 갖게 하여 상담과정 중의 혼란감을 줄이고, 목표 달성을 위한 동기를 부여해 줌으로써 긍정적인 변화의 가능성을 증가시킨다.

목표 설정의 원칙은 다음과 같다. 첫째, 내담자에게 중요하고 필요한 것을 목표로 설정한다. 둘째, 구체적이며 명확하고 행동적인 용어로 설정한다. 셋째, 없는 것보다는 있는 것에 초점을 두고 설정한다. 넷째, 현실적이고 가능한 것으로 설정한다.

나. 사 례

※ 말끝을 흐리고 더듬는 버릇 때문에 고민하는 김 병장의 사례다.

중대장	우리 중대의 든든한 기둥, 김 병장이 무슨 일로 왔지?
김 병장	사실 전 말을 약간 더듬는 버릇이 있습니다. 원래부터 그런 것은 아닌데, 고등학교 2학년 때 같은 반에 말을 더듬는 친구가 있어서 그 친구의 말 더듬는 것을 따라 하며 놀리곤 했었는데, 어느새 저도 모르게 말끝을 흐리고 더듬는 버릇이 생겼습니다. 그 후로 가능하면 다른 사람들과 얘기하는 것도 피했고,

	다들 공부에 여념 없던 시기라 큰 어려움을 느끼지는 못했습니다. 그리고 군에 와서도 후임병 때는 대답할 때만 잘 하고, 그 외에는 조용히 시키는 일만 묵묵히 하면 됐기 때문에 이제까지 별 문제없이 지낼 수 있었습니다.
중	그랬구나! 평소에 말없이 성실하기만 했던 김 병장에게 그런 고민이 있었구나! 그럼 남 앞에서 말을 더듬지 않게 되는 것을 목표로 우리 이야기를 해 보자.
김	네 좋습니다. 그런데 문제는 이제 머지않아 제가 분대장이 된다는 것입니다. 그러면 분대원들에게 여러 가지 얘기도 많이 해야 하고, 상부 지시도 전달해야 하는데, “말끝을 흐리고 더듬는 모습을 분대원들이 보면 저를 어떻게 생각할까?” 하는 생각에 요즘 잠도 잘 오지 않습니다.
중	말끝을 흐리고, 더듬는 것은 분대장에게 있어서 불리한 조건이 돼. 하지만 그런 버릇은 충분히 고칠 수가 있어. 김 병장이 자신의 약점에 대해 고민만 하지 말고, 한번 적극적으로 고쳐 보겠다는 마음을 먹으면 가능하지. 우선 이것부터 해보자.
김	예. 고칠 수만 있다면 무엇이든 하겠습니다.
중	자! 여기 연대장님 지시사항 및 사단장님 지시사항 파일이 있어. 교회나 강당 등 혼자서 연습할 수 있는 장소에 가서 이것들 중 하루에 두 가지씩 선정하여 한 시간 동안 큰소리로 또박또박 읽어보는 거야. 그리고 끝에 말을 흐리거나 더듬는 버릇이 나타나면, 그 부분을 다시 한 번 해보는 거야. 대충 얼버무리려 하지 말고, 자신의 버릇을 직접 느끼면서 그 부분을 천천히 그리고 또박또박 짚어 가며 극복해 보려고 해 봐. 그렇게 계속하다 보면, 어느새 자신의 버릇이 없어졌다는 것을 김 병장이 느끼게 될 거야. 그리고 일주일에 한 번씩 내 방에 와서 한 주 동안 연습한 대로 내 앞에서 읽어보도록 해. 그러면 내가 그때 김 병장의 읽는 모습을 보고, 진행 정도를 평가해 주도록 할게. 이것은 김 병장이 말끝을 흐리거나 더듬지 않게 될 때까지 계속 하도록 하자. 알았지?
김	예. 잘 알겠습니다.

13 문제해결의 대안 수립

가. 정 의

내담자는 문제해결에 대한 대안이 없거나 부족하기 때문에 상담을 받는다. 내담자가 문제 상황에서 선택할 수 있는 여러 가지 대안들이 있다면, 어떻게 반응해야 할지 모르는 혼란과 불안을 줄일 수 있고, 구체적인 대처를 할 수 있게 되며, 하나의 대안이 실패하더라도 이차적 대안을 선택하여 반응할 수 있으므로 문제해결의 가능성이 증가된다. 문제해결의 대안을 수립하는 방법은 브레인스토밍, 대조표 작성하기, 구체화 등이 있다.

예를 들어, 분대 안에서 불협화음과 단결이 잘 안 되는 상황에서 그 분대가 결속할 수 있는 방법에 대해 분대장이 상담을 요청할 때, 상담자가 여러 가지 대안에 대해 함께 생각해 봄으로써 고민을 해결해 줄 수 있다.

나. 사 례

※ 동기인 박 병장과 갈등이 있는 김 병장의 사례다.

김 병장	소대장님! 드릴 말씀이 있어서 왔습니다.
소대장	그래! 앉아라. 무슨 일이지?
김	다름이 아니라 분대원들이 좀처럼 단결하지 못하고 서로 잘 맞지 않는 것 같습니다.
소	좀 더 구체적으로 말해 줄 수 있니?
김	예. 저희 분대에는 제 동기인 박 병장이 있는데, 제가 분대장인데도 저의 말을 잘 듣지 않습니다. 하나같이 저의 말에 트집을 잡고, 제가 지시를 하면 대놓고 따르지 않습니다.
소	그래! 분대장하면서 어려움이 많겠구나.
김	예. 웬만하면 제가 참으려고 하는데 후임병들 보기에 위신이 잘 서지 않아서 고민입니다.
소	그래! 잘 왔다. 소대장하고 같이 한번 고민해 보자.
김	예.
소	김 병장이 생각할 때 박 병장이 왜 김 병장에게 그러한 행동을 보인다고 생각하지?

김	예. 사실은 처음 분대장을 선발할 때 박 병장하고 제가 경쟁을 했었습니다. 그런데 전임 소대장님께서 제가 평상시 근무 자세나 병영생활 태도가 낫다고 저를 임명하셨습니다.
소	음! 박 병장이 불만을 가질 만도 하겠구나.
김	예.
소	그럼 박 병장의 상처받은 마음을 위로해 주고, 김 병장에게 호의적인 감정을 갖도록 하는 방법에는 어떤 것이 있을까?
김	예. 전 솔직히 잘 모르겠습니다.
소	음……. (잠시 고민 후) 그럼 말이야. 이 방법은 어때? 지금 본부소대 분대장이 공석이니깐 박 병장을 본부소대 분대장으로 임명시키는 방법 말이야
김	음! 좋은 생각이신데, 중대장님께서 허락하셔야 되는 사항입니다.
소	그거야 소대장이 중대장님께 말씀드리면 되는데 뭐…….
김	음! 제 생각도 그러면 좋을 것 같습니다. 박 병장도 예전에 인사계원을 하다가 저희 소대로 와서, 아직까지 본부소대 인원들하고 친하게 지내고 있습니다. 본부소대 동료들도 무척 반가워할 것 같습니다.
소	그래. 솔직히 박 병장을 김 병장과 같은 분대에 둔다는 것은 김 병장에게 너무 큰 부담이 될 테니까, 박 병장을 다른 소대로 보내는 것이 문제해결을 위한 최선의 선택인 것 같아.
김	예. 소대장님! 고민을 해결해 주셔서 감사드립니다.
소	아니야. 일단은 중대장님께 말씀을 먼저 드리고 승낙을 받아야 되고, 그 후에도 김 병장이 박 병장에게 따뜻하게 대해 주려는 노력이 필요해, 소속이 바뀌었다고 모든 게 해결되는 것은 아니니깐……. 앞으로도 얼굴을 보며 함께 지내야 하잖아.
김	예. 그렇습니다.

14 통제력의 유무 구별

가. 정 의

스트레스를 적게 받기 위해서는 문제에 대해 통제가 가능한 부분과 통제가 불가능한 부분을 명확히 구분하여 이해하는 것이 필요하다. 특히 통제가 불가능하고 자신의 노력으로 어떻게 할 수 없는 경우에는 결과를 받아들이는 자세가 필요하다. 현실적인 상황을 고려하여 욕구를 지연하도록 하고, 자신의 욕구나 가치와 일치하는 방향으로 자신의 시간, 행동, 기타 경험을 조정해 가도록 하거나, 비합리적 기대를 수정하고 합리적 기대를 가지며, 성공 경험을 촉진하는 방법 등이 있다.

나. 사 례

※ 한 병사가 부대 생활 중 가정 형편이 좋지 않아 집에 계신 홀어머니와 동생이 집세 문제로 난처한 상황에 처해 있고, 군 입대 전에 사귀던 애인이 최근에 서신을 통해 작별의 뜻을 밝히고 연락이 안 되어 새로운 남자가 생긴 것으로 추정하고 있다.

소대장 마음이 많이 복잡하겠구나? 사랑하는 사람과의 문제뿐만 아니라 어머니랑 여동생이 어려운 상황에 처해 있으니 말이야.

박 상병 예. 지금 당장이라도 나가서 돈을 구해서 집세 문제를 해결하고 ○○를 만나서 마음을 돌릴 수 있도록 이야기 하고 싶은데 그러지 못하는 현재의 상황 때문에 답답하기만 합니다.

소 그래. 그렇겠구나! 어머님과는 전화통화를 해보았니? 어머님께서는 어떤 해결 방법이 있으시니?

박 예. 몸이 불편하셔서 돈을 어디에서 대출할 수도 없는 상황이고, 동생도 학생이라 아르바이트를 한다는 것도 어렵고…….

소 그럼 박 상병이 특별휴가를 나간다면 해결할 수 있는 방법은 있는 거야? 누구에게 부탁할 곳은 없니?

박 뭐 마땅한 사람은 없는 것 같습니다. 단지 어머니와 동생이 어려워할 생각을 하니 도움이 되지 못하는 저의 현실이 답답할 뿐입니다.

소 지금 박 상병의 심정은 이해가 가지만 현재로서는 박 상병이 어머니와 여동생을 위해 할 수 있는 것은 없는 것 같아. 그런 문제는 박 상병이 어떻게 할 수 있는 영역 밖에 있어. 이럴 때 군 생활에 마음을 못 잡고 흔들린다면 집에 계신 어머니께서 더욱 마음 아파하실 것 같은데…… 박 상병 생각은 어떠니?

박 (한참 생각하더니) 예. 저도 그럴 거 같습니다.

소 나중에 소대장이 어머님과 통화를 해보고 도움을 받을 수 있는 방법이 있는지 알아보마. 또 박 상병이 특별휴가를 나갈 수 있도록 중대장님께 건의를 드려 보고……박 상병은 특별휴가를 나가서 구체적으로 어떤 일을 할 수 있을지 한번 생각해 보렴.

박 예. 감사합니다.

소	그리고 애인 문제는 어떠니? 애인에 대한 감정은 어때?
박	솔직히 아직까지도 왜 그녀가 헤어지자고 했는지 알 수가 없습니다. 저를 위해서 헤어지자고 했다는데 이해가 되지 않고, 지금은 제가 전화를 해도 받지 않으니 답답하기만 합니다.
소	만약 박 상병이 군에 있지 않고 밖에서 애인과 헤어지는 상황이었다면 어떠했을까?
박	만나서 그 이유에 대해 들어보고 오해가 있었다면 설득을 하려고 했을 겁니다. 그런데 지금은 만나서 얘기할 수도 없고 답답합니다.
소	박 상병이 생각하기에 여자 친구가 왜 헤어지자는 말을 꺼냈다고 생각하니?
박	지난번 휴가 나갔을 때 눈치가 조금 이상하기는 했는데 아마도 다른 남자가 생긴 것 같기도 하고……. 잘 모르겠습니다.
소	만약에 휴가 가서 여자 친구를 만나 박 상병이 예상한 대로 새로운 남자친구가 생겨서 헤어지자는 것이었다면 어떻게 할 거지? 여자 친구의 마음을 바꾸는 일이 불가능하다면 어떻게 할까? 세상에는 자신의 힘과 노력 밖에 있는 일도 있는데 말이야. 그런 일에 매달리면 정작 자신의 힘으로 할 수 있는 일도 못하게 되는 경우도 있지.
박	(한참 침묵을 지키다가) 좀 더 생각해보도록 하겠습니다.

15 대인관계 기술 훈련

가. 정 의

대인관계에 어려움을 느끼는 내담자의 경우에 상담 장면에서 적절한 대인관계 기술을 연습하는 훈련을 할 수 있다. 대인관계 기술에는 자기노출 및 개방, 자기주장, 의사 결정, 관심 기울이기, 공감, 협의 기술 등이 포함된다.

나. 사 례

※ 소대장은 활달하고 자유분방한 성격이며, 김 일병은 내성적인 성격이다.	
소대장	김 일병! 너 요즘 무슨 고민 있니? 얼굴 표정이 어두운 것 같구나!
김 일병	아닙니다.
소	음……그래. 소대장이 느끼기엔 무슨 일이 있는 것 같아서…….
김	사실은 제 성격이 너무 소심해서 다른 병사들하고 어울리는 게 힘이 듭니다.

소	나도 사실은 사관학교에 다닐 때 남 앞에 나서는 게 두렵고 많이 떨려서 힘들었다. 그런데 자꾸 연습을 해서 좋아졌어. 우리 이 자리에서 상황을 정해서 연습을 해보면 어떨까?
김	좀 어색할 거 같지만 좋습니다.
소	누구와 어울리는 게 제일 어렵지?
김	저희 분대 박 병장이 제일 어렵습니다.
소	그럼 박 병장과 있었던 실제 경험을 생각해 보고 내가 박 병장이라고 생각하고 김 일병이 자연스럽게 이야기해 보는 거다.
김	네. 알겠습니다.

16 부정적 사고의 긍정화

가. 정 의

부정적 사고란 자동적으로 떠오르는 생각 중에서 개인에게 부정적인 영향을 미치는 사고를 말한다(Beck, 1979). 부정적 사고에는 흑백논리, 재앙화(자신에게 재앙이 닥친다는 생각), 긍정적 측면 무시, 낙인찍기, 과도한 일반화, 자기 탓, 당위적 사고 등이 있다.

치료 방법에는 객관화, 탈 재앙화, 심상의 활용, 전환 기법, 노출 기법, 소크라테스식 문답법 등이 있다.

나. 사 례

※ 전역을 앞둔 김 병장의 얼굴에 수심이 가득하고 좀처럼 웃지 않는 모습을 보인다.	
소대장	김 병장! 너 요즘 무슨 고민이 있니?
김 병장	실은 제대가 얼마 남지 않아서 여러 가지 고민이 많이 있습니다. 복학도 해야 하고, 돈도 벌어야 하고, 동생 학비와 생활비도 조금씩 도와줘야 하거든요. 걱정을 안 하려고 해도 고민을 떨쳐 버릴 수가 없습니다. 저는 매사에 잘 안 되는 쪽으로 걱정을 해서 문제입니다.
소	그랬구나! 그런 고민은 너만 그런 게 아니라 네 나이 또래의 젊은이라면 누구나 조금씩 하는 거란다. 아마 다른 전우들도 한두 가지는 다 고민이 있을 게다. 모든 문제를 너 혼자 해결하려고만 생각하면 상황은 더 심각해지고 걱정만 늘게 되지.

김	소대장님 말씀이 맞긴 한데 그게 잘 안 됩니다.
소	그럼 이렇게 해보렴. 네 고민들을 종이에 쓰고 모든 고민이 잘 해결되고 매우 만족스러운 결과가 주어졌다고 생각해서 써 보는 거야. 자꾸 모든 일이 잘되는 생각을 반복해서 하는 거지. 그리고 다른 사람들과 고민을 공유해 보는 거지. 그럼 네가 생각하지 못했던 해결책들도 새롭게 알게 되고, 다른 사람들도 어려움을 가지고 산다는 것을 알 수 있게 될 거야.
김	예. 알겠습니다.

17 강화와 벌

가. 정 의

강화인자로 사용할 수 있는 강화물에는 음식물(과자, 음료수 등 생리적 욕구와 관련된 것), 소유물(책, 음반 등의 물질), 토큰(스티커, 점수 등 교환가치가 있는 것), 활동(자유 시간, TV시청 등 좋아하는 활동), 사회적 강화[칭찬, 인정, 관심 보이기, 신체 접촉(쓰다듬기, 가볍게 두드리기, 손을 마주잡기), 얼굴표정(미소, 시선 접촉, 눈 깜박임, 고개 끄덕임) 등의 강화], 피드백, 내면 강화(혼잣말, 좋은 이미지를 떠올리는 것 등 자신이 수행한 행동에 대해 속으로 자신을 강화) 등이 있다. 강화는 목표 행동이 발생한 즉시 주어지고, 일관성이 있어야 효과적이다.

벌로 사용할 수 있는 대상물은 혐오자극 제시의 경우 언어적 벌(비난, 꾸중, 경고, 위협 등), 충격(전기 충격), 혐오적인 감각 자극물, 벌점 카드, 부정적인 내면 언어(이게 아니야! 이래서는 안 되지!)가 있으며 긍정적인 자극 없애기의 경우 타임아웃(긍정적인 강화 기회 제거), 반응대가(벌금이나 벌칙으로 정적 강화를 빼앗음) 등이 있으며, 강제 교정행동의 경우 과잉 교정(바람직하지 못한 행동을 했을 때 그 행동을 교정하는 다른 행동을 하도록 함. 예: 식탁에 음식물을 쏟았다면 음식물을 깨끗이 청소하도록 함), 역경 기법(잘못된 행동과 직접 관련이 없지만 다른 힘든 일을 하게 함으로써 행동을 교정) 등이 있다.

나. 종 류

1) 정적 강화

변화시키고자 하는 행동이 일어난 후에 강화물을 제시하여 그 반응의 출현 확률이나 강도를 증가시키는 절차다.

한글 맞춤법을 모르는 박 이병을 도와준 김 상병의 사례다.

※ 어느 날이었다. 평소 모범병으로 알려져 있던 김 상병은 자대 전입 온 지 10일이 갓 지난 박 이병이 한글 맞춤법을 제대로 쓰지 못한다는 사실을 알고 일과가 끝나면 하루에 30분씩 한글 맞춤법을 가르쳐 준다는 사실을 알게 되었다. 중대장 이 대위는 이러한 사실을 알고는 김 상병을 중대장실로 불렀다.

이 대위 김 상병 어서와. 그리로 앉아

김 상병 예.

이 그래, 훈련 준비하느라 요즘 많이 바쁘지?

김 아닙니다. 오히려 전입 온 지 얼마 안 된 신병들이 저보다 힘들 겁니다.

이 음. 그런데 요즘 김 상병이 박 이병하고 함께 있는 모습이 자주 눈에 띄던데…….

김 아! 예…….사실은 박 이병이 심성도 착하고 다 좋은데, 한글 맞춤법을 잘 몰라서 제가 요즘 가르쳐 주고 있습니다.

이 그래? 훈련 준비하면 시간이 없을 텐데…….

김 예. 저녁 먹고 자유 시간을 이용해서 30분 정도 하고 있습니다.

이 음. 생활반에서?

김 아닙니다. 아무리 이병이지만 다른 병사들이 보면 창피해 할 것 같아서 충효예 교육실에서 남들 몰래 둘이서만 하고 있습니다.

이 박 이병은 뭐래?

김 예. 처음에는 미안해하고 부끄러워하더니 조금씩 맞춤법을 알고 나니깐 재미있는가 봅니다.

이 그래. 바쁜 병영생활 중에 자기 시간을 희생해 가며 후임병 돕기가 쉽지 않을 텐데 정말 훌륭하다. 중대장이 선행 사실을 대대장님께 알려서 포상휴가를 받을 수 있도록 건의해 볼게.

김 (머리를 긁적거리며) 대가를 바라고 한 건 아닌데……. 아무튼 감사합니다.

이 아니야. 전우를 위해 자기 시간을 할애해서 도와주는 행동은 다른 병사들에게도 많은 귀감이 될 거야. 앞으로도 주변에 힘들어하는 동료들이 있으면 지금처럼 도와주도록 해라.

이 대위는 선행 사실을 중대뿐만 아니라 대대 전체에 알려야겠다는 생각을 하고 다음날 중대원이 모인 자리에서 이러한 사실을 공표하였다. 그리고 대대장에게 이를 보고하여 대대 전체에 이러한 선행 사실이 전파되었다. 이러한 분위기는 순식간에 확산되어 이 대위가 속해 있는 대대는 연대에서도 '사고 없는 부대, 살맛나는 부대'라는 평가를 받게 되었다.

2) 부적 강화

반응이 일어난 후에 혐오 자극을 제거하여 그 반응의 출현 확률이나 강도를 증가시키는 절차다.

※ 평소에 후임병들에게 폭언과 구타를 일삼아 오던 김 상병은 대대 군기교육대에 입소 중이다.

김 상병 들어가도 좋습니까?

주임원사 그래. 앉아라.

김 예.

주 많이 힘들지?

김 아닙니다.

주 아니긴. 오전에 체력단련하고 오후에 작업하려면 육체적으로 많이 힘들 거야.

김 (말없이 고개를 숙임)

주 어때? 군기교육 받으면서 무슨 생각이 들어?

김 예. 사실은 제가 그 동안 너무 군 생활을 잘못했다는 후회가 됩니다.

주 음……. 앞으로 어떻게 군 생활을 할 생각이야?

김 예. 후임병들에게 욕을 하고 싶은 마음이 들어도 조금씩 참아야겠다는 생각을 했습니다. 솔직히 저는 지금 육체적으로 힘이 들지만, 제게 괴롭힘을 당했던 후임병들은 마음도 많이 아팠을 것 같습니다.

주 그래 많은 것을 느꼈구나! 주임원사가 생각할 때도 김 상병의 행동이 눈이 띄게 변하고 있는 것 같아. 교육대 지시에도 잘 따르고, 주위의 동료들한테 많이 친절해진 것 같고……. 그래서 이제 오전 체력단련은 참석하지 않아도 된다. 오전에는 개인적으로 생활반에서 시간을 보내고, 대신에 오후에 환경정리 작업에는 계속 참석할 수 있도록 해라. 앞으로 행동이 더 나아지면, 오

	후 작업에서도 열외시켜 줄 테니까 행동할 때 조심하도록 해. 알았지?
김	정말입니까? 감사합니다. 주임원사님! 앞으로 더 잘하겠습니다.

그 후 김 상병은 매사에 솔선수범하는 모습을 보여 오후 작업까지 면제를 받았다.

3) 정적 벌

목표 반응이 출현한 후 혐오 자극을 제시하여 그 반응의 발생 가능성을 감소시키는 절차다.

※ 이 대위는 중대장에 보직된 지 3개월이 지났다. 3개월간의 중대 관찰 기간 동안 가장 큰 문제점으로 일부 병사들의 잦은 욕설과 구타 등 각종 악폐습이 자행되고 있다는 것을 알게 되었다. 그는 이를 해결하는 것이 시급하다고 판단하여 중대원들에게 욕설이나 구타를 하는 인원을 발견 시에는 엄중 처벌을 하고 반대로 칭찬이나 순화된 언어를 사용하는 인원에게는 포상휴가를 주겠다고 하였다. 그러던 어느 날 이 대위는 김 병장이 박 일병에게 욕설과 구타를 하고 있는 장면을 목격하였다.

이 대위	김 병장! 무슨 일이야?
김 병장	아닙니다. 박 일병과 대화를 나누고 있었습니다.
이	내가 보기에는 욕설도 하고 때리는 것 같은데, 솔직히 얘기해 봐.
김	사실은 제가 어제 박 일병에게 초소 일반수칙을 외우라고 지시했는데, 오늘 확인해 보니까 전혀 관심도 없고 외우지도 않아서 한 소리 했습니다.
이	알았다. 이유야 어찌 되었던 평소 욕설이나 구타를 하지 말라고 강조했건만 실망이다. 김 병장은 내가 약속했듯이 중대 간부들과 의논하여 적절한 조치를 하겠다. 그리고 박 일병은 선임병인 김 병장의 지시를 왜 이행하지 않았는지 진술서를 작성하여 제출하도록 해라.
김	예…….

결국 욕설과 구타를 자행했던 김 병장은 입창 조치를 하였고 박 일병은 근신 조치하였다. 이러한 조치 결과를 중대 게시판에 게시하고 중대원들에게 자초지종에 대해 교육하였다. 이 일이 있은 후에 중대원들 사이에 구타나 욕설과 같은 것은 중대장이 엄중 처벌한다는 소문이 퍼져 줄어들었다.

4) 부적 벌

어떤 반응이 나타난 후에 정적 강화물을 제거하여 그 반응의 발생 가능성을 감소시키는 절차다.

※ 중대장이 전입 온 지 얼마 되지 않은 소대장을 호출하였다.	
중대장	어서 와. 김 소위.
소대장	예.
중	그래! 지금 뭐하다 왔지?
소	예. 다음 주 있을 중대 전술훈련에 대비하여 교범을 숙독하고 있었습니다.
중	그랬구나! 전입 온 지 얼마나 됐지?
소	예. 한 달 거의 다 되었습니다.
중	그래. 뭐 병사들은 말 잘 듣니?
소	예. 대부분 병사들은 말을 잘 듣는데. 1분대장인 박 병장이 평소에 제 지시에 따르지 않는 것 같습니다.
중	그래? 어떤 점에서?
소	제가 분대장들을 통해 소대원들한테 작성하여 제출하라고 시킨 게 있는데 1분대만 제출하지 않는 겁니다. 그래서 1분대 병사를 불러서 물었더니 분대장으로부터 전달받지 못했다는 겁니다. 나중에 알고 보니까 아예 제 지시를 전달하지도 않은 겁니다. 이런 경우가 한두 번이 아니고 번번이 저의 지시를 어기는 경우가 허다합니다.
중	음! 그래? 특별한 이유 없이 소대장의 지시를 습관적으로 어긴다는 말이지?
소	예.
중	중대장이 알아본 후에, 만약 1분대장이 고의로 그런 것이 밝혀지면 1분대장의 정량제 외박을 제한하든지 개인 시간을 박탈하는 등의 조치를 내릴 테니까 소대장은 그렇게 알고 있어.
소	예. 알겠습니다.

분대장의 고의성이 밝혀져서 외박을 제한하고 주말 자유시간을 박탈하였다.

18 증상 광고하기

가. 정 의

군에서 복무 중인 장병들은 때에 따라서 많은 사람들 앞에서 브리핑이나 프레젠테이션을 해야 하는 경우가 종종 있다. 이러한 경우에 심하게 긴장을 하고 떨려서 사전에 준비한 만큼 브리핑을 제대로 못해 스스로 실망하는 장병들이 있을 수 있다. 대부분의 사람들의 경우에 대중 앞에서 강연을 하거나 발표를 할 때 어느 정도 긴장을 하는 것은 당연하다. 특히 청중들이 전문성을 가지고 있거나 자신이 평가를 받는 자리일 때는 더욱 긴장의 정도가 심해질 수 있다. 이러한 경우에 긴장하거나 떨지 않고, 발표를 잘할 수 있는 방법 중의 한 가지가 바로 증상을 광고하는 것이다. 증상 광고는 자신이 떨거나 긴장하는 모습을 감추지 않고 말로 표현하고 인정하는 것을 의미한다. 무대공포증이 있어서 많은 사람 앞에 설 때마다 심하게 떠는 사람의 경우, 그 이유는 대체로 자신이 떠는 모습을 감추려고 하기 때문이다. 긴장하는 모습을 보이고 싶지 않은데, 얼굴은 점점 빨개지고 식은땀이 나고 목소리가 떨리는 느낌을 갖게 되면 더욱 긴장하고 떨게 된다. 이와 같은 경우에 자신이 떨고 있다는 사실을 인정하고 표현하면 오히려 마음이 편해질 수 있다.

나. 사 례

※ 김 일병은 중대 상황병으로서 평소에 다소 내성적이지만 평범한 병사로 파악되고 있었다. 하지만 최근 연대장이 순시를 나온 자리에서 브리핑을 하던 도중 말문이 막히고 브리핑을 거부하였다. 이 사건에 대해서 중대장인 홍 대위는 김 일병에 대해서 심도 있는 상담이 필요하다고 판단, 전문상담관인 이 대위에게 상담을 요청하게 되었다.

이 대위 그래. 김 일병! 반갑다. 나는 사단에서 근무하는 이 대위야. 자네 중대장인 홍 대위하고 동기생 사이지. 나 본 적 있지?

김 일병 충성! 이 대위님. 중대장으로부터 벌써 얘기 들었습니다. 무슨 문제 때문에 이렇게 절 찾아오셨는지 잘 알고 있습니다.

이 그렇구나! 그럼 상황실에서 자네가 한 행동에 대해서 나한테 다시 설명할 수 있을까?

김 (우물쭈물하며 말문을 열지 못한다.)

이 (우물쭈물하는 김 일병을 잠시 바라보다가 화제를 전환한다.) 참! 김 일병 고향이 서울이라면서? 집이 어디지?

김 동작구 흑석동입니다.

이 아! 국립묘지 있고, 그 맞은편에 한강아파트가 있지?

김 예. 가 보신 적 있으십니까? 저희 집이 바로 한강아파트입니다.

이 어, 그래? 이런 우연이 있나? 우리 누님이 그 아파트에 살고계시네.

김 아! 예.

이 그러면 김 일병은 학교도 그쪽에서 나왔겠네.(어느 학교를 나왔는지, 학교 다닐 때 성격이 어떠했는지, 어떤 고민이 있었는지, 학업은 어땠는지, 어떤 추억들이 있는지 물어서 다음과 같은 사항을 파악한다.)

〈김 일병은 초등학교까지 시골에서 생활하다가 중학교를 대도시로 가게 되었는데, 가난에 대한 심한 열등감으로 자신감을 잃어버리고 주눅이 들었다. 그래서 자신의 모든 것을 감추려고 하고, 특히 자신이 모자라거나 부족한 면을 감추려는 경향이 심하였다. 많은 사람들 앞에 서면 심하게 떨고 말을 제대로 하지 못하였다. 대학 시절에는 교수에게 질문을 한 번도 자발적으로 한 적이 없고, 교수의 질문에 대해 답을 알고 있는 경우에도 대답을 한 번도 못하였다고 한다. 심지어 여러 사람들이 모인 자리(예: 신입생 환영회, 과 엠티)는 일부러 참석하지 않았다고 한다. 왜냐하면 자기소개를 해야 되는데 자신의 순서가 다가올수록 심장 박동이 빨라지고 식은땀이 나고, 소개를 하기 위해 자리에서 일어나거나 앞으로 나가면 머리가 멍해지고 아무 생각도 나지 않으며, 소개를 끝내고 자리에 돌아오면 무슨 말을 했는지 기억이 나지 않기 때문이라고 하였다.〉

이 그래. 김 일병! 학교 다닐 때 많이 힘들었겠구나!

김 네. 한시도 마음이 편한 적이 없었습니다.

이 그래. 그러면 이렇게 해보면 어떨까?

김 어떻게 말씀입니까?

이 먼저는 가족이나 친한 동료들에게 김 일병이 남 앞에서 많이 긴장이 되고 떨리는 증상을 이야기하는 거야. 그리고 긴장이 될 때는 긴장하는 자신의 모습을 감추려고 하지 말고 긴장하는 자신의 모습을 있는 그대로 받아들이고 '긴장이 된다.'는 말을 하는 거야.

김	(잠시 시간이 흐른 후) 예. 쉽지는 않겠지만 한번 해보겠습니다.

19 모델링

가. 정 의

모델링이란 타인의 본보기를 따름으로써 새로운 행동, 신념, 가치관 및 태도 등을 학습하는 것을 말한다. 모델링은 새로운 행동을 시도하는 데 따르는 불안을 제거해 주고 실제 행동의 수행 절차를 안내해 주는 이점이 있다. 관찰자와 모델의 관계가 친밀할수록, 공통점과 유사성이 클수록 모델링 행동이 증가한다.

본보기 인물의 특성은 대체로 관찰자보다 높은 지위나 명예를 가졌거나 더 많은 경험을 했거나 행동에 대하여 자신을 가지고 있다는 점이다. 모델링의 유형은 묵시적인 것(학습자가 의식하지 못하는 사이에 본보기 행동을 배우는 것. 예: 내담자가 처음에는 불안한 모습으로 상담을 시작했으나 상담자의 조용하고 편안한 자세를 자신도 모르는 사이에 닮아 가는 것)과 현시적인 것(학습자가 스스로 모방하고 있음을 자각하는 것. 예: 역할학습을 통해 다른 사람에 대한 바람직한 반응 연습.), 또는 직접적인 것(실제 환경 장면에서 타인의 행동을 관찰하고 모방하는 것. 예: 부모가 개를 어루만지는 행동을 보여준 후 아이가 만지도록 하는 것.)과 대리적인 것(학습자로 하여금 본보기가 되는 제3자의 행동을 관찰하고 본뜨게 하는 것. 예: 물을 무서워하는 아이에게 다른 아이가 물장난하는 녹화 장면을 보여 주는 것.)이 있다.

나. 사 례

※ 중대장인 김 대위는 평소에 말수가 적고, 불안한 모습을 보이는 박 이병을 중대장실로 불렀다.

김 대위 그래. 박 이병 어서 와라.
박 이병 (머뭇거리며 고개를 떨어뜨린다.)
김 그래. 편하게 생각해. 의자에 허리도 기대고…….
박 예.(여전히 불편한 자세로)
김 자. 중대장처럼 의자에 허리를 완전히 기대고 앉아 봐 이렇게. 그렇지.
박 예…….
김 우리 차 한 잔씩 마실래? 커피랑 녹차 어느 것 마실래?
박 커피 먹겠습니다.
김 그래. 중대장이 너를 부른 이유가 궁금한 모양이로구나!
박 아닙니다.
김 아니긴……. 그냥 차 한 잔 마시려고……. 선임병들 하고 있을 때는 마음 놓고 차 한 잔도 마시지 못하잖아. 너무 어려워하지 말고 마음 편하게 차 한 잔 마시고 얘기하다가 그냥 가면 되는 거야. 알았지?
박 예. 〈한참 동안 이런저런 얘기를 나눈다.〉
김 그래. 좀 전에 중대장실에 처음 왔을 때보다 훨씬 표정도 밝아지고 자세도 편해졌는걸.
박 예. 사실은 중대장님께서 너무 편안하게 앉으셔서 저를 대해 주시고 말씀해 주시니까 저도 모르게 그만…….(머리를 긁적이며)
김 하하하. 아니야. 어려워할 것 없어. 중대장은 박 이병의 그런 모습이 참 보기 좋은걸. 앞으로도 중대장실에 차 마시러 자주 오거라.
박 예. 감사합니다.

20 역할연습

가. 정 의

역할연습은 실패의 위험 부담이 없는 모의 장면에서 새로운 행동반응을 연습하는 것이다. 즉, 문제가 되는 생활 장면을 상담 장면에서 재현하여 관계 인물의 입장에서 바람직한 행동 반응을 학습하는 절차다. 역할연습을 하면서 내담자는 스스로 또는 상담자의 피드백을 통해 자기 행동에 대한 교정을 할 수 있게 된다. 그리고 예측되는 곤란한 대인 관계의 대처 방식을 익힐 수 있고, 자기와 생활 배경이 다른 사람들의 감정과 경험을 이해할 수 있게 된다. 이와 같은 역할연습은 내담자 행동에 구체적인 변화를 가져올 수 있게 한다.

역할연습의 절차는 상담자가 주요 인물의 역할을 하여 실제 있었던 장면을 재현한다. 이러한 재현을 통해 내담자가 주요 인물의 감정을 보다 구체적으로 이해하게 되고, 미처 표현되지 않았던 기대와 감정 내용을 파악하며, 내담자가 실제로 한 것과 달리 어떤 반응을 하고 싶은가를 알 수 있다. 다음에는 상담자와 내담자가 역할을 바꾸어 연습을 진행한다. 이렇게 함으로써 내담자는 주요 인물의 입장이 되어서 생각하고 느끼게 되어 주요 인물을 진정으로 이해할 수 있는 효과가 있다. 최종적으로는 연습한 행동을 실제 생활 장면에서 실천에 옮기도록 한다.

나. 사 례

※ 중대장인 신 대위는 평소에 생활하는 데 아무런 문제가 없으나 나이가 많은 주임원사나 행정보급관을 보면 식은땀을 흘리고 피해 다니는 한 병사를 중대장실로 불러서 상담을 시도한다.

신 대위　김 이병! 어서 와라. 여기에 앉아라.

김 이병　예.

신　요즘 날씨가 꽤 추워졌지?

김　그렇습니다.

신　그래. 추운데 감기 걸리지 않도록 조심하고……. 중대장이 너를 부른 이유는 다름이 아니고, 네가 평소에는 생활을 잘하는 것 같은데, 유달리 주임원사나 행정보좌관을 보면 불안해하고 피해 다니는 것 같아서……. 네가 볼 때는 어떤 것 같아?

김　(말을 하지 못한다.)

신　(대답을 기다리다가) 혹시 무슨 이유라도 있는 거니?

김　(잠시 고민하더니) 사실은 주임원사님이나 행보관을 보면 집에 계신 아버지가 생각이 납니다. 아버지는 제가 어렸을 때부터 저를 보기만 하면 제가 잘못을 하지 않아도 막 제가 못마땅하신지 저를 툭하면 나무라셨습니다.

신　그랬구나! 혹시 아버지랑 그 이유에 대해서 대화를 나누어 본적은 있니?

김	없습니다.
신	음……. 중대장이 보기에는 아버지에게 쌓인 감정이 많은 것 같은데…….
김	…….
신	이 방법은 어떨까?
김	…….
신	중대장이 김 이병의 아버지라고 생각하고 연기를 할 테니까, 김 이병은 나를 아버지로 생각하고 과거에 아버지와 있었던 일을 다시 한 번 재현해 보는 거야.
김	제가 아들 역할을 하라는 말씀입니까?
신	그래. 아들 역할을 해서 과거에는 아버지에게 말하지 못했던 모든 감정을 털어 놓는 거지.
김	(잠시 고민하더니) 네.
	〈중대장이 김 이병의 아버지 역할을 맡아서 과거에 있었던 일을 재현한다.〉
신	잘했어. 이번에는 서로 역할을 바꿔보자.
	중대장이 김 이병이라고 생각하고 연기를 할 테니까, 김 이병이 아버지라고 생각하고 아버지 역할을 해보는 거야.
김	제가 아버지 역할을 말입니까?
신	그래, 그럼으로써 아버지의 눈으로 김 이병의 모습과 생각을 바라볼 수가 있는 거지. 어때, 김 이병과 아버지의 관계를 이해하는 데 도움이 될 수 있을 것 같은데…….
김	(잠시 고민하더니) 예.
신	그래. 나를 김 이병이라고 생각하고, 김 이병이 휴가 나갔을 때 아버지가 김 이병에게 하는 말과 행동을 그대로 나한테 하면 돼. 알았지?
김	예.

상담사례 연구

1 심리검사 소개

가. 인성검사 개선 및 군 인성검사 소개

구 분	징병단계 (병무청)	입영단계 (육군훈련소 등 10개 부대)	현 역 병
도 구	군 인성검사	KMPI	육군표준인성검사
비 고		MMPI 표절 지적소유권문제 신뢰도 저하	검사비용과다(1人 1,500원) 정신질환 식별 등 곤란

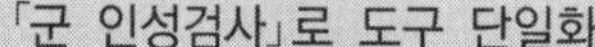

「군 인성검사」로 도구 단일화
- 동일 도구 이용 검사 ⇒ 환경 변화에 따른 심리변화 측정 가능
- 징병/ 입영 시 검사자료 전속부대에 제공

「군 인성검사」 도구는

- '95년, 軍에 적합한 심리검사의 필요성에 의해
  육군 ⇒ 국방부로 소요제기(정신질환 · 부적응 문제 동시 측정가능)
- 국방부에서 군 개혁과제로 반영, 민간 용역사업으로 개발된 도구

※ 육군사관학교 심리학 교수 등 전문가 6명 참여

나. 문항 구성

1) 총 365문항, 군무이탈 / 군 생활 부적응 등 포함

2) 피검자의 정신질환, 왜곡 반응 등 확인 가능

타당도 척도 (3)	정상인이 정신병리가 있는 것처럼 가장하거나 정신병리가 있는 사람이 정상인인 것처럼 가장하는 경우, 그리고 성의 없는 검사태도를 변별할 수 있는 척도 • 긍정 왜곡 척도 • 부정왜곡척도 • 희귀반응척도
임상 척도 (10)	정신병리나 군대 부적응에 대한 정보를 제공하는 척도 • 불안 • 우울 • 신체화 • 정신분열 • 성격장애 • 행동지체 • 범죄 • 공격-적대성 • 군무이탈 • 편집증
내용 척도 (6)	군대생활에 요구되는 심리적 특성과 부대생활방식 정보 제공 • 군 생활준비도 • 집합성향 • 자기도피 • 적개심표출 • 신체증상 • 규범동조 및 반발

3) 검사 문항(PC 화면)

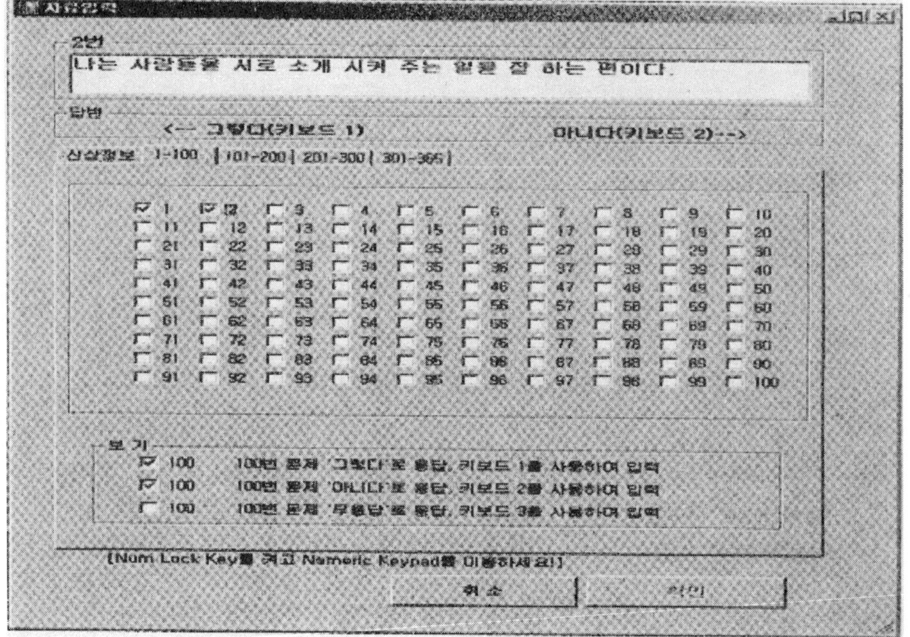

다. 프로파일 분석지

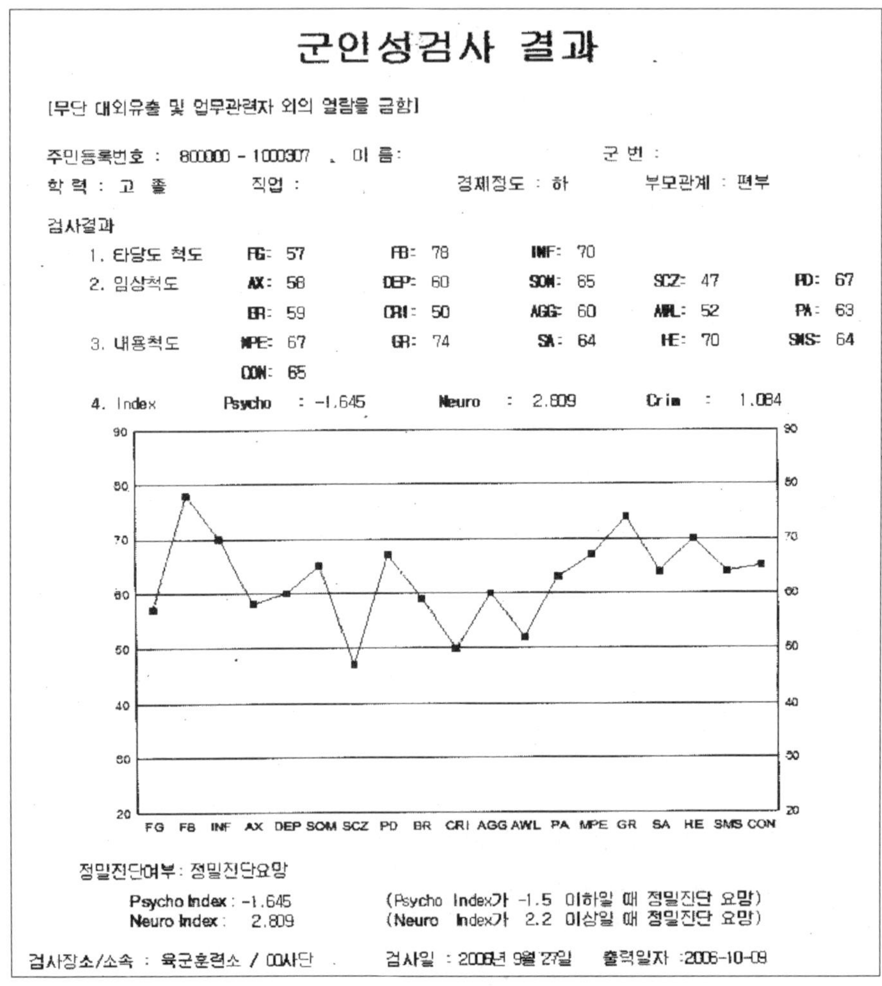

군인성검사 결과

[무단 대외유출 및 업무관련자 외의 열람을 금함]

주민등록번호 : 800000 - 1000307 , 이 름: 군 번 :

학 력 : 고 졸 직업 : 경제정도 : 하 부모관계 : 편부

검사결과

1. 타당도 척도	FG: 57	FB: 78	INF: 70		
2. 임상척도	AX: 58	DEP: 60	SOM: 65	SCZ: 47	PD: 67
	BR: 59	CRI: 50	AGG: 60	AWL: 52	PA: 63
3. 내용척도	MPE: 67	GR: 74	SA: 64	HE: 70	SMS: 64
	CON: 65				
4. Index	Psycho : -1.645	Neuro : 2.809	Crim : 1.084		

정밀진단여부 : 정밀진단요망

Psycho Index : -1.645 (Psycho Index가 -1.5 이하일 때 정밀진단 요망)

Neuro Index : 2.809 (Neuro Index가 2.2 이상일 때 정밀진단 요망)

검사장소/소속 : 육군훈련소 / OO사단 검사일 : 2006년 9월 27일 출력일자 :2006-10-09

라. 자동해석 결과지

군인성검사 결과해석

[무단 대외유출 및 업무관련자 외의 열람을 금함]

본 해석지는 성격경향을 심리학 및 통계학적인 추론을 통해서 예측한 것에 지나지 않으며 개인의 성격경향 자체를 설명하는 것은 아닙니다.

주민등록번호 : 800000 - 1000307 이름 : 군번 :

자신의 심리적 문제나 어려움을 과장하거나 나쁜 점을 강조한다. 심한 정서적 어려움이나 장애가 있다고 과장할 가능성이 높다. 긴장을 많이 한다. 불안하고 우울하다. 정서적으로 힘들어 한다. 신체적 증상이나 불편감을 자주 호소한다.

불성실하게 검사에 임했을 가능성이 있다. 긍정적인 생활태도가 부족하다. 보통 사람들과는 다른 사고방식을 가지고 있다. 자아정체 문제로 고민한다. 기이한 경험을 한다. 엉뚱한 행동을 보인다. 심한 신경증적 장애나 정신병적 장애를 보이기 쉽다. 스트레스를 받으면 심하게 불안해하고 주위의 도움을 청한다.

끈기와 참을성이 부족하다. 눈치가 빠르지 못하다. 사람들과 함께 있는 것을 좋아하지 않고 잘 어울리지 못한다. 앞에 나서서 일을 하지 못하고 소극적으로 행동한다. 남의 입장이나 처지보다는 자신을 먼저 생각하며, 다른 사람과 타협하는 데 어려움을 보인다. 사람들에 대해 무관심하고 남들이 자신을 어떻게 생각하는지 신경쓰지 않는 편이다. 외톨이로 고립되어 혼자 지내려는 경향이 있다.

다른 사람들에 대한 신뢰감이나 동정심이 부족하다. 책임감이 부족하고 냉정하다. 자신감과 적극성이 부족하고 생활을 계획적으로 하지 못한다. 개인적인 고민이나 갈등이 많다. 사람들보다 주어진 일을 처리하는 능력이 뒤떨어진다.

※ '05년 사고자 예문(GP 사고자 일병 김OO)

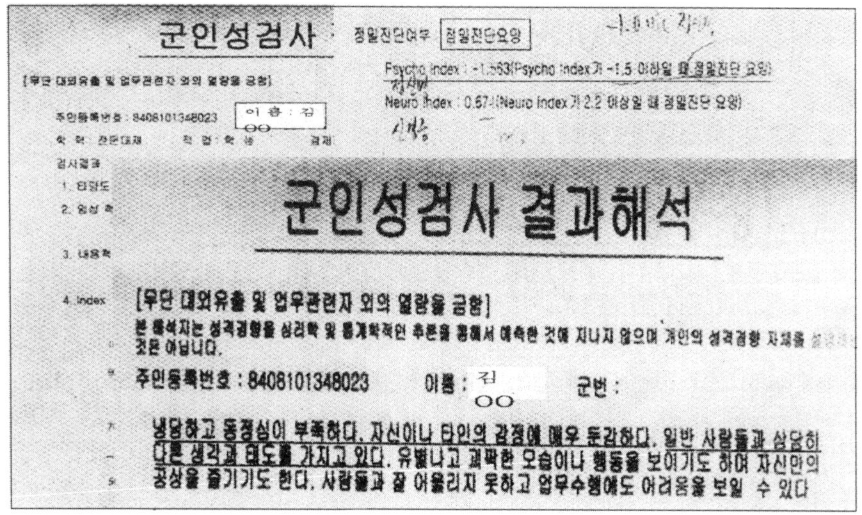

군인성검사 정밀진단여부 정밀진단요망

Psycho Index : -1.563(Psycho Index가 -1.5 이하일 때 정밀진단 요망)

Neuro Index : 0.674(Neuro Index가 2.2 이상일 때 정밀진단 요망)

주민등록번호 : 8408101348023 이름 : 김OO

검사결과

1. 타당도
2. 임상 척
3. 내용척
4. Index

군인성검사 결과해석

[무단 대외유출 및 업무관련자 외의 열람을 금함]

본 해석지는 성격경향을 심리학 및 통계학적인 추론을 통해서 예측한 것에 지나지 않으며 개인의 성격경향 자체를 설명하는 것은 아닙니다.

주민등록번호 : 8408101348023 이름 : 김OO 군번 :

냉담하고 동정심이 부족하다. 자신이나 타인의 감정에 매우 둔감하다. 일반 사람들과 상당히 다른 생각과 태도를 가지고 있다. 유별나고 괴팍한 모습이나 행동을 보이기도 하며 자신만의 공상을 즐기기도 한다. 사람들과 잘 어울리지 못하고 업무수행에도 어려움을 보일 수 있다

마. 시행 방법

1) 검사 대상/ 시기

검사 대상	검사 시기
전입 신병	전입 100일 전후, 지휘관 판단 하
도움 · 배려병사	부대정밀진단 시, 지휘관 판단 하

2) 검사 체계

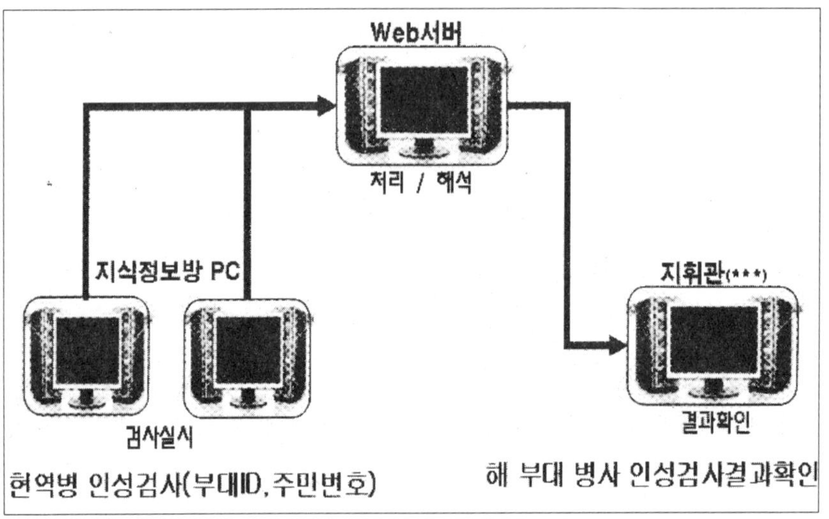

3) 최종 문항 및 척도

군 인성검사 최종판은 365문항으로 구성되어 있으며 이 중 채점되는 문항은 362문항이다. 그리고 최종적으로 타당도 척도 3개, 임상척도 10개 그리고 내용척도 6개 등 총 19개의 척도가 군 인성검사의 척도이다.

가) 타당도 척도

① 긍정왜곡 척도(FG): 긍정왜곡척도의 내용은 개인적 약점인 부인, 사회적 선호도, 순박함, 사회불안의 부인, 자신에 대한 긍정적인 태도 등으로 되어 있다.

② 부정왜곡 척도(FB): 부정왜곡척도의 내용은 적대적인 관계양상, 사회정의 및 상식에 대한 부정, 기이한 경험, 동정심의 부족, 부모에 대한 부정적 지각 등으로 되어 있다.

③ 희귀반응 척도(INF): 희귀반응척도의 내용은 자기통제감의 결여, 기이한 감각경험, 사회적 유대감의 결여 등으로 되어 있다.

나) 임상 척도

① 불안 척도(AX): 불안척도의 내용은 정서적인 예민성 및 불안정성, 소극적이고 회피적인 태도, 대인불안 및 대인관계 회피 등으로 되어 있다.

② 우울 척도(DEP): 우울척도의 내용은 주관적인 우울감, 사회적 고립 및 소외감, 신체적 불안감, 사회불안, 끈기의 부족 등으로 되어 있다.

③ 신체화 척도(SOM): 신체화장애척도의 내용은 억압 및 억제, 신체증상의 호소, 스트레스에 대한 취약성 등으로 되어 있다.

④ 정신분열증 척도(SCZ): 정신분열증척도의 내용은 피해의식 및 기이한 경험, 사회적 무관심 및 피동성, 의존성 및 미숙성, 융통성 부족, 충동성 및 행동화 경향 등으로 되어 있다.

⑤ 성격장애 척도(PD): 성격장애의 내용은 분노, 적개심 및 충동성, 자신감 부족 및 사회 부적응, 사회에 대한 부정적 태도 등으로 되어 있다.

⑥ 행동지체 척도(BR): 행동지체척도의 내용은 정서적 및 신체적 고통, 사회적 부적합감, 사회적 소외, 충동성 및 불안정성 등으로 되어 있다.

⑦ 범죄 척도(CRI): 범죄척도의 내용은 사회적 이탈행동, 자기부정, 자기과시 및 감각추구 등으로 되어 있다.

⑧ 공격-적대성 척도(AGG): 공격-적대성척도의 내용은 통제력 상실 및 자포자기적 태도, 사회적 소외 및 배척감, 주의집중 곤란, 모험추구 및 반사회적 행동 등으로 되어 있다.

⑨ 군탈 척도(AWL): 군탈 척도의 내용은 이탈행동, 충동성 및 자극 추구, 행동화와 정서적 고통의 반복 등으로 되어 있다.

⑩ 편집증 척도(PA): 편집증 척도의 내용은 피해망상, 환각 등 기이한 경험, 자기통제의 부족, 피해의식 등으로 되어 있다.

다) 내용 척도

① 군 생활준비 척도(MPE): 군 생활준비 척도의 내용은 단체생활에서 상황 파악을 잘하고 인내심과 책임감이 있는 것, 집단생활에서 다른 사람들과 협동하고 남을 배려하는 마음가짐, 자신감과 민첩함, 군대에 대한 긍정적인 견해, 규율을 준수하려는 마음가짐, 어려움을 이겨내려는 의지 등으로 되어 있다.

② 집합성 척도(GR): 집합성 척도의 내용은 다른 사람들과 협동하고 남을 배려하는 경향, 자기 의견과 다를 때 타협하고 양보하는 경향, 다른 사람들과 문제나 갈등을 일으키지 않고 잘 지내는 것, 윗사람을 따르고 아랫사람을 도와주려는 마음가짐, 집단의 규칙을 준수하려는 경향 등으로 되어 있다.

③ 자기도피 척도(SA): 자기도피 척도의 내용은 인생에 대한 무의미감, 과거, 현재, 미래에 대한 부정적인 생각, 자기 자신에 대한 비관적인 견해와 자포자기하는 경향, 다른 사람들에 대한 무관심, 의욕과 흥미의 상실, 죽음에 대한 사고, 무감각한 감정의 둔마, 우울한 정서 등으로 되어 있다.

④ 적개심표출 척도(HE): 적개심표출 척도의 내용은 분노 감정이 누적되어 있어 이를 자제하지 못하고 공격적인 방식으로 표현하는 것, 충동 통제를 하지 못하는 것, 타인에게 무례하게 대하거나 위협하거나 괴롭히는 것, 지나친 복수심 등 대인관계에서 공감하지 못하는 경향 등으로 되어 있다.

⑤ 신체증상 척도(SMS): 신체증상 척도의 내용은 소화불량, 설사, 변비 등의 소화기 증상, 두통이나 가슴 등에 통증 땀이 잘 나고 기운이 없는 등의 허약한 경향, 현기증 등 다양한 신체증상을 알아볼 수 있는 내용 등으로 되어 있다.

⑥ 규범동조 및 반발 척도(CON): 규범동조 및 반발 척도의 내용은 사회규범이나 권위적인 인물에 반항적인 태도, 위험이나 모험을 지나치게 즐기는 경향, 학창시절의 말썽을 많이 부리고 반항적이고 위험스런 행동 등으로 되어 있다.

바. 결과 분석 · 활용

1) 군 인성검사 관리 체계도

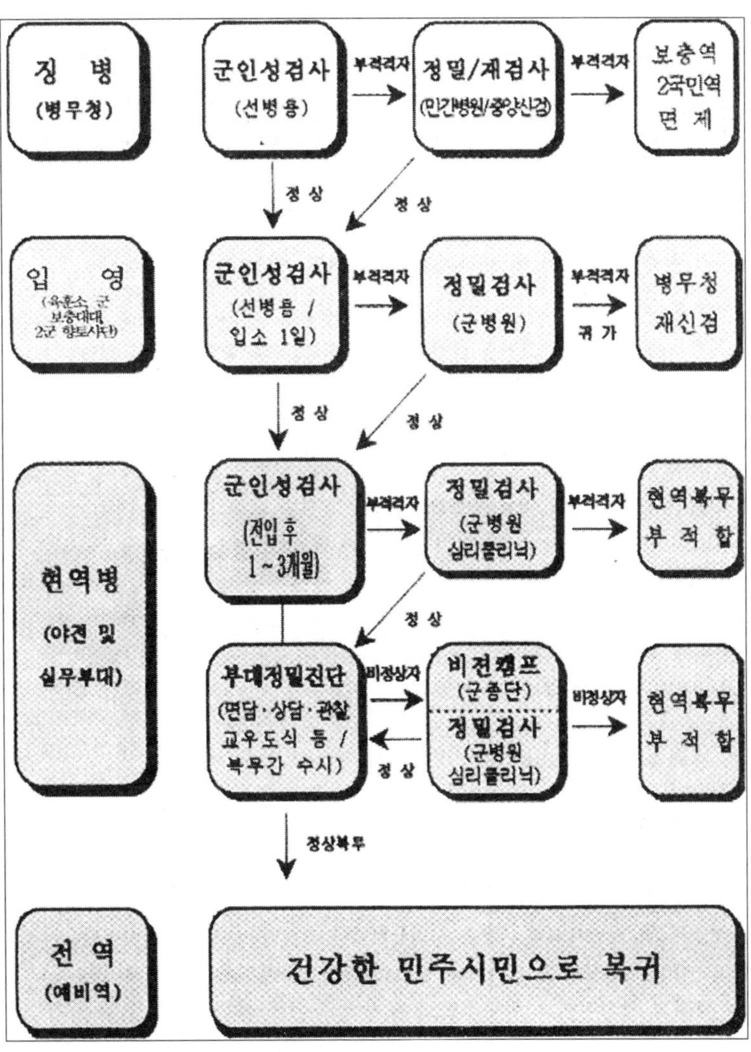

2) 군 인성검사 활용

가) 검사 시행 환경조성

■ 편안/ 우호적인 분위기, 간부에 의한 지제(검사에 집중하고 산만하지 않게)

나) 해석결과 출력/ 관리

■ 해석결과 확인 및 출력: 지휘관(연대장)

■ 검사결과 해석지는 대외비에 준해서 관리하고 지휘관외 접근금지.

※ 개인 신상 및 정신병리(질환)에 대한 정보 포함

다) 해석 결과지 분석능력 배양/ 해석인력 확보

■ 야전 순회교육(대대급 이상 인사실무자)

2 사례연구 "1"(복무부적응)

가. 일반상황

귀관은 교육기관에서 상담기법 교육 시 교관으로부터 "최근 군에 입대하는 부하들의 44.7%가 인격장애를 의심할 정도로 심리적으로 불안전하며, 우리 사회의 구조상 군에 입대하는 부하의 일부가 신체적으로 성년이나 정신적으로는 미성숙하여 청소년기에서 벗어나지 못하기 때문에 군에서 발생하는 여러 가지 갈등과 자신에게 일어나는 문제를 스스로 해결할 수 있는 능력을 보유하지 못하고 있다. 따라서 이러한 부하들이 안고 있는 여러 가지 문제를 해결해 줄 수 있는 상담의 필요성이 대두되고 있으나, 현실은 군이라는 특수 환경 때문에 상관인 상담자와 하급자인 내담자 사이에 상담이 이루어지게 되어 있고, 군대사회라는 특수하고 폐쇄적(閉鎖的)인 환경에서 실시되고 있다. 실제로 올바른 상담을 실시하여 부하들의 문제를 해결해 주기 위해서는 군 상담의 한계를 극복해야만 가능할 것이다."라는 말에 공감을 하고, 부임 전 합동 근무를 하면서 전임자로부터 여러 가지 문제로 고민하는 김상담 일병에 대한 여러 가지 자료를 인수하였다.

나. 특별상황

1) 전임자로부터 인수한 일병 김상담의 심리검사 자료

가) 군 인성검사 그래프

군인성검사 결과

[무단 대외유출 및 업무관련자 외의 열람을 금함]

주민등록번호 : 860407- ○○○○○○○ 이름 : 김상담 군번 :

학력 : **고졸** 직업 : 경제정도 : 하 부모관계 : **편모**

검사결과

1. 타당도척도	FG: 47	FB: 53	INF: 70		
2. 임상척도	AX: 66	DEP: 66	SOM: 70	SCZ: 53	PD: 67
	BR: 64	CRI: 65	AGG: 65	AWL: 65	PA: 63
3. 내용척도	MPE: 67	GR: 61	SA: 62	HE: 61	SMS: 76
	CON: 67				
4. Index	Psycho : -2.353		Neuro : 2.881		Crim : -1.161

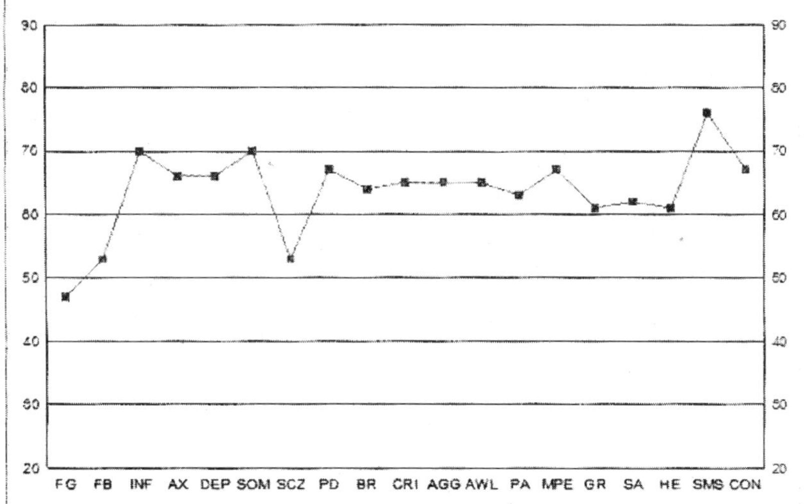

정밀진단여부: 정밀진단요망

Psycho Index : -2.353 (Psycho Index가 -1.5 이하일 때 정밀진단 요망)

Neuro Index : 2.881 (Neuro Index가 2.2 이상일 때 정밀진단 요망)

나) 군 인성검사 결과 해석

군 인성검사 결과해석

[무단 대외유출 및 업무관련자 외의 열람을 금함]

본 해석지는 성격경향을 심리학 및 통계학적인 추론을 통해서 예측한 것에 지나지 않으며 개인의 성격경향 자체를 설명하는 것은 아닙니다.

주민등록번호: 960407-OOOOOOO 이름: 김상담 군번: ____________

불성실하게 검사에 임했을 가능성이 있다. 긍정적인 생활태도가 부족하다. 자아정체 문제로 고민한다. 기이한 경험을 한다. 심한 신경증적 장애나 정신병적 장애를 보이기 쉽다. 스트레스를 받으면 심하게 불안해하고 주위의 도움을 청한다.

자신의 신체 기능에 대해 관심과 걱정이 많다. 신체증상을 심각하게 수용한다. 비교적 다양한 신체적 증상을 호소하는 경향이 있으며, 소화기계통장애, 심장혈관계통 장애, 근육운동이나 감각기능의 장애, 또는 만성적인 통증 등의 문제들을 나타내기 쉽다. 스트레스를 받으면 신체증상을 나타내는 경향이 있다. 사소한 문제로 괴로워하거나 고민하는 경향이 있다. 기운이 없고 쉽게 피곤해진다. 건강에 대해 자신이 없으며, 자신의 몸을 아끼려 하는 경향이 있다. 신체적인 이유를 들어 어려운 상황을 회피하려는 경향이 있다.

몸이 아픈 것에 대해 주위 사람들이 이해해주기를 바란다. 신체적인 문제로 인해 다른 사람들과 어울리고 사회에 적응하는데 많은 어려움을 경험한다. 상하관계 및 동료들과의 관계에 어려움이 있으며, 따돌림을 당하기도 한다. 지시에 잘 따르지 않는 등 업무수행 능력이 다른 사람들보다 부족하다. 건강에 대한 걱정과 염려가 많고, 자신의 신체적 고통을 다른 사람이 이해해주기를 바란다. 두통, 심장계통 장애, 소화기계통 장애 등 신체적인 문제와 정서적인 고통을 호소한다.

우울해하고 기분의 변화가 심하며 사소한 자극에도 민감하게 반응하고 안절부절하는 편이다. 두통과 같은 신체적인 문제를 자주 호소한다.

잡념과 고민이 많다.

냉담하고 동정심이 부족하다. 자신이나 타인의 감정에 매우 둔감하다. 일반사람들과 상당히 다른 생각과 태도를 가지고 있다. 유별나고 괴팍한 모습이나 행동을 보이기도 하며, 자신만의 공상을 즐기기도 한다. 사람들과 잘 어울리지 못하고 업무수행에도 어려움을 보일 수 있다.

신경질적이며 걸핏하면 싸우려 들고 성미가 급한 편이다. 신중하지 못하고 충동적으로 행동한다. 다른 사람에게 상처나 해를 입히는 행동을 쉽게 한다. 남들을 이용하려 한다. 책임감이 부족하고 비양심적이다. 잘못하고도 반성하지 않는다. 자신의 행동을 합리화하고 잘못에 대해 다른 사람을 비난하는 경향이 있다. 사회적인 규범이나 관습에 잘 따르지 않고 자기중심적으로 행동하는 경향이 있다.

검사장소/소속: 검사일: 출력일자:

2) 전임자로부터 받은 최근 김상담 일병의 생활태도

- 직책에 대한 임무수행을 못하겠다고 함.
- 근무하고 싶다고 소(전포)대장에게 건의.
- 모든 일을 건성으로 하여 일에 대한 성과가 없고 작은 일도 분대원들의 도움이 없이는 해결하지 못함.
- 완만하고 땀이 많이 나서 습진이 심함.
- 생활관에 들어가면 왠지 가슴이 답답하여 들어가기 싫다고 함.
- 후임병들에게 다소 폭력적이고 언행이 불손한 면을 보임.

MEMO

3) 생활지도 기록부

가) 병영생활 지도를 위한 개인 신상기록

주특기	1111	직책(*)	소총수	(사 진)
입대일	2016년 0월 0일	생년월일	96.4.7(음, 양)	
자대 전입일	2016년 0월 0일	주민등록번호	960407- 0000000	
본적	전남 광양시 금호동 ooo-ooo		집전화	061)ooo-oooo
주소(*)	전남 광양시 금호동 ooo-ooo		입대전 본인 연락처	061)xxx-xxxx
분대장	교육기간( ) 임명일( )			
본인 E-mail	abcd@hanmail.net 게임 I.D: ________________			

가족/친·인척	관계	성명	생년월일	학력	종교	직장 및 직위	연락처	
							핸드폰	E-mail
	부	o o o	53	국졸	기독교	중2 때 사망		
	모	o o o	51	상동	불교	일용직 청소부	000-0000	
	형	o o o	28	대졸	상동	직장인	000-0000	~@.net
	누나	o o o	26	고졸	상동	상동	000-0000	~@.net
	누나	o o o	24	고졸	상동	상동	000-0000	~@.net

간부들이 병사들과 더불어 함께 아파하고, 함께 슬퍼하며, 함께 기뻐한다면 열악한 장비나 부족한 물자로도 적을 무찌를 수 있다. 적은 병력만으로도 성을 공격할 수 있다. 장애물과 참호 없이도 능히 적을 막을 수 있다.

『한국적 지휘통솔(韓國的 指揮統率)』 중에서

<table>
<tr><td rowspan="4">애 인</td><td rowspan="2">성명</td><td rowspan="2">생년월일</td><td rowspan="2">학력</td><td rowspan="2">종교</td><td rowspan="2">직장 및 직위</td><td colspan="2">연락처</td></tr>
<tr><td>핸드폰</td><td>E-mail</td></tr>
<tr><td></td><td></td><td></td><td></td><td></td><td></td><td></td></tr>
<tr><td></td><td></td><td></td><td></td><td></td><td></td><td></td></tr>
<tr><td rowspan="3">친 구</td><td>이재혁</td><td>21살</td><td>전문대재</td><td>불교</td><td>학생</td><td>000-0000</td><td>~@.net</td></tr>
<tr><td>김성진</td><td>21살</td><td>고졸</td><td>천주교</td><td>군 입대</td><td>000-0000</td><td>~@.net</td></tr>
<tr><td></td><td></td><td></td><td></td><td></td><td></td><td></td></tr>
<tr><td>양친관계</td><td colspan="7">친부, 친모, 계부, 계모, 양부모, 부모별거,
기 타: 편모(중2 때 부 사망)</td></tr>
<tr><td>동거부모 주소</td><td colspan="7">전남 광양시 금호동 ooo-ooo</td></tr>
<tr><td>별거부모 주소</td><td colspan="7"></td></tr>
<tr><td>가족구성</td><td colspan="7">(2남) (2여) 중 (2남), (대)독자, 이복형제(명)
기 타: 막내</td></tr>
<tr><td rowspan="3">본인</td><td>주거</td><td colspan="6">(부모와 동거),분가, 기타( )</td></tr>
<tr><td rowspan="2">결혼 관계</td><td colspan="6">결혼(년), 동거(년), 약혼, 미혼, 자녀수 (명)</td></tr>
<tr><td colspan="6">결혼(동거) 시 생계유지책( )</td></tr>
<tr><td rowspan="3">생활정도</td><td>주택</td><td colspan="3">(자가),전세,월세,관사,
기타</td><td colspan="2">아파트,(양옥)
한옥</td><td>건평(30),
방(4개)</td></tr>
<tr><td>월수입</td><td colspan="3">월평균 (200 만원)</td><td>부양자</td><td colspan="2">주부양자: 모친 부 부양자:형</td></tr>
<tr><td>수입원</td><td colspan="6">(구체적으로) 모친: OO건물 일용직 청소부, 형: OO회사 영업 사원, 누나1: OO회사 경리사원, 누나2: OO유선회사 사무원</td></tr>
<tr><td colspan="8">아아 슬프다! 그대들은 나라와 상관을 위해 자신의 본분을 다하고 장렬히 전사(戰死)했다. 그러나 나 이순신은 부하와 침식을 같이하고 등창의 종기를 빨아주던 오기(吳起)의 덕(德)을 다하지 못하였노라.

이충무공(李忠武公)의 전사자 위령제 제문</td></tr>
</table>

나) 병영생활 지도를 위한 입대 전 생활기록

학교생활	학력	대학원 과 학년 학기		졸업, 재학, 중퇴	사유	
		대학 과 학년 학기		졸업, 재학, 중퇴		
		OO농업고등학교 3학년 2학기		졸업,재학,중퇴		정학1주 (폭력행사)
		OO중학교 3학년 2학기		졸업,재학, 중퇴		
		OO초등학교 6학년 2학기		졸업,재학, 중퇴		
	전공, 동아리, 취미 활동	중학교				
		고등학교				
		대학교				

개인특성	성격 및 특성	내향적, 외향적, 사교적, 독선적 특이사항: 과격				
	생활 태도	낙제, 정학, 퇴학, 장기결석(일)				
	신체 조건	신 장	체 중	혈액형	입 원 치 료 기 록	
					병 명	기 간
		172 cm	92kg	A		
		신체 등위	시 력			
		3급	1.5	1.5		
	심신장애사항	정신질환, 간질, 야뇨, 관절염, 치질, 성병, 야맹, 평발				
	취미	음악	특기	노래부르기	기호	소주(3홉), 담배(2갑) 기타 :
	종교	종파: 기독교 세례 신앙정도: 중 특이사항: 없음			가출 사례	당시 연령: 세 이유:
	처벌	장소(소년원, 교도소), 기간 ; 년 월, 내용:				

전쟁이 있어났을 때 병을 진군시키는 방법은 다음과 같다. 간부는 엄동설한에 혼자만 외투를 걸치지 않고, 무더위에도 혼자만 부채를 들지 않으며, 비가 와도 혼자만 우산을 쓰지 않는 것이다. 전투에서 최선두에 서고, 잠자리엔 맨 나중에 들며, 병(兵)이 식사하는 것을 보고 제일 늦게 식사를 하고, 병(兵)의 방이 더워진 다음에 간부의 방을 덥게 하는 것이다.

– 진(秦)나라의 『태공여상(太公呂尙)』 중에서 –

자격증	종 류		취 득 일		종 류		취득일
사회경력 (직장, 동아리, 활동 등)	근 무 지	기 간	직 책	직장, 동료, 선 · 후배			
				성 명	연 락 처		관 계
					핸드폰	E-mail	
	OO편의점	4개월	야간 아르바이트				
	◇◇커피숍	1개월	아르바이트				
전역 후 하고 싶은 일	특별하게 생각해 본적은 없으며, 아마도 전역하고 평범하게 직장에 다닐 것 같다.						

예부터 훌륭한 간부는 자기 자식을 기르듯 병사를 관리했다. 병사의 어려운 일이 있으면 간부가 앞장서서 도와주고, 공로를 세우면 부하를 앞세우며, 병사가 죽으면 이를 애석해하여 엄숙히 장례를 치르고… 간부가 그렇게만 한다면 그 부대는 가는 곳마다 승리할 것이다.

촉한(`제갈량(諸葛亮)의 심서(心書)

다) 생활지도를 위한 입대 후 병영생활기록

<table>
<tr><th colspan="2">분야</th><th>신병교육기간</th><th>1 년 차·</th><th>2 년 차</th></tr>
<tr><td rowspan="5">일상생활</td><td>성 격</td><td>내향적이고
적극성이 떨어짐</td><td></td><td></td></tr>
<tr><td>건 강</td><td>비만으로 훈련에
어려움을 표현</td><td></td><td></td></tr>
<tr><td>가 정</td><td>가족간의 연락이
적음.</td><td></td><td></td></tr>
<tr><td>여자
(친구)</td><td>연락하는 친구 없음</td><td></td><td></td></tr>
<tr><td>금 전</td><td>통장 10만원 보관</td><td></td><td></td></tr>
<tr><td rowspan="4">기타사항</td><td>면회</td><td></td><td></td><td></td></tr>
<tr><td>외출
외박</td><td></td><td></td><td></td></tr>
<tr><td>휴가</td><td></td><td></td><td></td></tr>
<tr><td>서신
왕래</td><td>2년째 누나 서신 1회</td><td></td><td></td></tr>
<tr><td colspan="2">상 벌</td><td></td><td></td><td></td></tr>
<tr><td colspan="2">작성관
(직책, 계급,
성명,군번,
H/P번호)</td><td>중사 한라산</td><td></td><td></td></tr>
</table>

병자호란 때 남한산성 수비장군이었던 이시백 장군은 “싸우는 군사들은 솜옷도 입지 못하고 추위에 떨고 있는데, 대장의 자리에 앉은 자가 어찌 혼자 따뜻한 가죽옷을 입을 수 있겠습니까?”라며 인조대왕이 하사한 따뜻한 월동용 가죽옷을 마다하고 평복을 입고 성루에서 병사들과 함께 기거하였다.

조선시대 이시백(李時白) 장군

라) 입대 후 복무기록

※ 각급 부대는 병사들이 입대 후, 신병교육, 자대 전입으로부터 보직, 진급, 각종 상벌사항 등과 군 복무기간 동안 경험하게 되는 다양한 훈련, 경연대회, 검열, 평가 등을 6하 원칙에 의거 상세히 기록하여 유지한다.

연 월 일	주 요 복 무 내 용	기록/서명
16. O. O	훈련소 기본 훈련은 잘 받고 있으나 적극적으로 임하는 편은 아님.	중사 한라산
16. O. O	단체 뜀걸음 시 몸이 아프다는 핑계를 자주 하는 등 의식적으로 열외하려는 경향을 보이며 어려운 일에는 열외의식이 강함.	중사 한라산
16. O. O	매사에 짜증과 화를 많이 낸다는 분대장의 보고가 있었으며, 수양록에 최근 들어 힘들다고 적혀 있음.	중사 지리산
16. O. O	말없이 혼자 있는 장면이 자주 목격되며 생활관에서도 말을 잘 하지 않고, 외떨어져 있는 시간이 많음.	중사 지리산
16. O. O	o월 o일 새벽 2시 근무 후 잠을 자지 못하고 담배를 피우면서 울고 있는 것을 부소대장이 순찰 중 목격함.	소위 백두산

간부가 병사를 어린아이처럼 여겨 정성으로 돌보면 병사들은 아무리 깊은 계곡(溪谷)으로 출정할지라도 간부를 따를 것이며, 병사를 사랑하는 친자식처럼 귀하게 여기면 사지(死地)라도 간부를 따라갈 것이다.

손자(孫子)의 지형편(地形篇)

마) 상담관이 관심을 가져야 할 병사 애로 및 향후 지도·조치해야 할 사항

연 월 일	면담내용(관심분야)	조치(서명)
16. 0. 0	비만으로 인한 뜀걸음 제한으로 의욕의 제한과 내성적인 성격이임에도 불구하고 순간적으로 폭발하는 경향을 가지고 있으며, 고민이 많음, 체력분야의 보완과 소대원과의 원만한 관계개선이 요구됨.	소대 활동 시 동참 유도 중사 지리산
16. 0. 0	분대원 홍길동 일병과 허락 없이 김상담 일병의 샴푸를 사용하였다는 말다툼으로 시작한 것이 매우 흥분하는 모습을 보였고, 욱하는 성격이 있는 것으로 보임. 감정 억제에 대한 필요성과 극복 노력이 요구됨.	소대장과 상담 시 개인의 성격 문제점에 대하여 얘기 실시 소위 백두산
16. 0. 0	근무 후 잠을 자지 못하고 담배를 피우면서 울고 있는 것을 부소대장이 목격 후 보고함. 극단적 행동(자살, 자해)을 감행할 가능성이 있으며 집중적인 관찰과 분대장을 통한 1:1 동행활동 관찰, 집중 상담이 요구됨.	분대장 동행행동 관찰 후 보고 임무부여 수시접촉/상담 대위 이순신

간부가 솔선수범하고 부하에게 은덕(恩德)을 베풀고, 매사에 태만하지 않을 때 부하들은 비로소 감격하고 분발한다. 이런 병사(兵士) 한 사람은 만 명(萬名)의 적(敵)과 싸워 이길 수 있다.

『삼략(三略)』

다. 요구사항

귀관은 상담관으로서 일병 김상담이 가지고 있는 문제를 확인하고 도와주기 위해 상담계획을 작성하고 상담실시 후 일병 김상담의 문제해결을 위한 조치를 하시오.

※ 실습진행 요령

① 군 인성검사 해석 자료, 전임자로부터 받은 최근의 생활태도 등을 바탕으로 상담계획을 작성한다.
② 김 상담 일병의 심리상태를 알아보기 위한 핵심적인 질문내용과 전체적으로 상담을 진행하고자 하는 내용을 작성한다.
③ 대화 내용을 작성하여 상담에 임하고 의자배치로부터 효과적인 상담실시를 위한 상담 기술을 적용하여 상담을 이끌어 나가고, 사후 조치까지 작성 및 토의한다.

1) 분석 · 종합

1. 내담자를 위한 필요한 도구는 빠짐없이 준비하였는가?
   가. 심리검사 결과
   나. 생활지도 기록부/ 부대에서 관찰한 각종 참고 파일 또는 자신이 기록한 파일
   다. 최근의 생활 관찰 기록지

2. 내담자의 인적사항
   가. 편모가정, 2남 2녀 중 막내
   나. 고졸출신

3. 내담자가 보는 자신의 문제는 무엇인가?
   가. 자신의 성격에 대한 문제 인식: 내향적, 자신감 결여, 이기주의적 성향
   나. 학력에 대한 열등의식: 고졸
   다. 신체적인 결함: 비만
   라. 가정적인 환경문제: 사춘기에 부친사망, 모친 직업에 대한 열등감

4. 이 문제는 언제 시작되었고, 어떻게 발전되었나?
   가. 부친의 사망 이후(중2 때) 가정환경 변화: 우울증
   나. 사춘기 시절 대화 상대자 결여로 성격의 변화: 폭력(과격)적, 자폐성
   다. 우울증과 자신감 결여 및 개인주의적 성향으로 발전됨
   라. 스트레스에 대한 해소방안 부재로 만성적 신체적 비만증세로 발전

5. 가족의 사회경제적 환경과 심리적 환경
   가. 모친의 직업에 대한 열등의식: 일용직 청소부
   나. 금전적 문제는 없어 보임
   다. 형과 나이차이가 많음: 대화단절
   라. 막내로 성장하여 과잉보호: 의존적, 정신적 미성숙
   마. 사춘기시절 가정에서 혼자 있는 시간 많음

6. 개인의 신체적 특성과 성격
   가. 스트레스로 인한 비만, 활동성 약함
   나. 취미를 고려해 볼 때 운동을 좋아하지 않음
   다. 내향적이지만 겉으로 활발하게 보이려는 경향이 있음
   라. 대인관계가 원만하지 않고, 자기중심적인 성향이 강함

7. 개인의 성장과 발육, 교육적 배경
   가. 학력에 대한 열등의식: 농업고 출신으로 미래에 대한 진로 불투명
   나. 신체적 결함으로 인한 이성교제가 제한
   다. 정신적 미성숙: 타인에 대한 의존성이 강함

8. 현재 생활 상태(학업, 친구. 가정. 이성, 부대원, 동료 간의 관계)
   가. 학업에 대한 열등감: 고졸
   나. 성장과정 중에 친구가 결여(이성친구 포함): 대화 상대자 결여
   다. 부대원 중 대화상대가 없고 부대 내에서 왕따를 당할 수 있음
   라. 부대 내 동기생이 없어 고민을 이야기할 상대자 없음
   마. 가정환경에 대한 문제점은 없어 보이나 자신의 문제점을 적절히 통제해 줄 가족이 없어 보임: 반사회적 성격, 자기중심적

2) 상담준비

1. 상담 장소를 선정하시오.(글로 쓰고 말로 직접 설명)
   가. 조용하고 아늑한 분위기의 장소
   나. 주변사람들에게 방해받지 않는 곳
   다. 온도, 조명, 환기, 환경적 여건이 구비된 곳

2. 상담의 분위기 조성을 위해 귀관이 하고 싶은 것은?(글로 쓰고 말로 설명)
   가. 탁자 위 및 주변의 불필요한 물건정리
   나. 계절에 맞는 음료준비
   다. 주변 사람들에게 상담시간 동안에 방해받지 않도록 사전에 교육
   ※ 상담 중 전화가 울리지 않도록 주의

3. 내담자의 심리적 안정을 주기 위해서 귀관은 어떤 준비를 할 것인지?
   (글로 쓰고 말로 설명)
   가. 내담자가 부담을 갖지 않는 시간대 선정
   나. 계급적 분위기를 풍기지 않도록 군복 대신 사복착용(격식은 따지지 않되 어느 정도 예의를 표해주는 복장)

4. 상담을 위한 좌석배치는 어떻게 할 것인지 직접 의자를 배치하시오.
   가. 내담자가 부담을 느끼지 않을 'ㄱ'자 또는 'ㄴ'자 배치
   나. 마주보고 앉아야 할 경우는 엇갈리는 방향으로 배치

3) 상 담

상담자	어서 와 김 일병!…… 잠깐 김 일병이 좋아하는 차가 무엇이더라? 김 일병 무엇을 마실래?
김 일병	(침묵…)
상담자	여기에 여러 가지 차가 있으니 네가 마시고 싶은 것 마셔! 자 골라봐!
김 일병	그냥 커피 마시겠습니다.
상담자	그래! 자 한잔 마시자. 김 일병 요즘 날씨 굉장히 더운데 생활하기가 어때? (개방적인 질문)
김 일병	……(탐색으로 인한 침묵)
상담자	……(침묵)
상담자	상담자도 여름을 무척 좋아하는데 이번 여름은 너무나 덥구나.
김 일병	(먼 산만 쳐다보고 대답을 하지 않는다)(저항)
상담자	내가 김 일병을 보자고 한 것은 다름이 아니라 너희 분대장이 네가 요즘 통

	말도 없고 혼자 지내는 시간이 많다고 해서 무슨 일이 있는지 네 얘기를 한 번 들어보려고 불렀어!(명료화)
김 일병	……(침묵)
상담자	나에게 사정을 이야기하기 매우 곤란한가 보구나!
김 일병	(무엇인가 말하려다 침묵을 지키고 손가락만 만지작거린다)
상담자	그래 그럴 수도 있지 일단 말을 꺼내려고 생각하다가도 막상하려고 하면 곤란한 경우가 많으니까. 그런데 내가 한 가지 분명히 밝혀 둘 것은 김 일병이 무슨 말을 하든지 지금 이 자리에서 나에게 한 말은 절대 비밀을 지킬 거야. 이 원칙은 앞으로 누가 나를 개인적으로 찾아와 얘기해도 마찬가지야. (구조화)
김 일병	정말 비밀을 지켜 주시겠습니까?
상담자	음! 그럼
김 일병	전 정말 생활관에 들어가는 것이 싫습니다. 생활관에 만 들어가면 가슴이 답답하고 토할 것 같고….(말을 하려다 침묵)
상담자	…….(침묵)
김 일병	저는 열심히 한다고 생각하는데 생활관 인원들 모두 저를 인정해 주지 않습니다.
상담자	으흠!(긍정적인 언어반응)
상담자	네가 열심히 한다고 하는데 다른 사람들은 너를 인정해 주지 않는다는 말이지?(재진술)
김 일병	(흐느끼고 감정이 격앙되어서…) 정말 미쳐버릴 것 같아요. 특히 박 상병이 무서워 죽겠어요, 박 상병은 나만 보면 사사건건 후배들과 비교하면서 못 살게 굴고… 정말 견디기 어렵습니다. 제가 지금 여기 와서 이런 말을 했다는 사실을 그가 알게 되면 아마 저를 죽이려고 할 거예요.
상담자	음! 그 점은 염려 안 해도 좋다. 내가 비밀은 철저하게 지킬 테니까
김 일병	박 상병은 미친 사람 같아요. 특히 술만 먹으면 저를 못 살게 굴고 어떤 때는 잠을 자고 있을 때 저를 깨워서 말도 못하게 괴롭힙니다.
상담자	으흠! 박 상병이 너를 그렇게 괴롭힌다 말이지. 정말 힘들었겠구나!(반영)
상담자	그런데 박 상병이 너를 괴롭히는 특별한 이유가 무엇이라 생각해 본 적 있니?
김 일병	잘 모르겠어요! 다만 저는 동작이 다른 사람보다 느리고 땀이 많이 나서 몸에 냄새가 많은 편입니다. 그것 때문에 저도 제 자신이 싫어요.
상담자	으흠, 그래!(언어반응)

김 일병	저는 사람이 많은 것 자체가 싫어요. 왜 지금 제가 군 생활하고 있는지도 모르겠어요. 그리고 지금 맡고 있는 직책이 너무 싫어요.
상담자	으흠!
김 일병	…(계속 흐느낀다.)
상담자	그래 너에게 말 못 할 어려움이 많이 있었구나!(반영)
상담자	그래 다른 직책을 생각해 본 적은 있니?
김 일병	잘 모르겠어요! 제 자신이 잘할 수 있는 일이 무엇인지 저도 알 수가 없어요. 그냥 혼자서 있는 시간이 많았으면 해요!
상담자	으흠! 그래
상담자	김 일병 그럼 최근에 혼자 있기를 좋아한 것이 박 상병이 너를 못살게 굴어서만 그런 것이 아니구나?(직면)
김 일병	……(저항으로 인한 침묵)

4) 진 단

1. 상담자가 볼 때 내담자의 문제는 무엇인가?
   가. 자신감 결여: 분대원에게 인정도 받지 못하고, 업무처리 능력 부족
   나. 선임병의 폭언, 횡포로 인한 부적응
   다. 대인관계 장애: 분대원과 어울리지 못함
   라. 자기중심적 성향이 강하고, 군 생활에 대한 사명의식 부족

2. 문제의 원인은 무엇인가?
   가. 성장배경: 대화단절
   나. 신체적 특성: 비만
   다. 성격결함: 자기중심적, 의존적, 우울증

3. 차후 내담자는 어떻게 될 것(행동) 같은가?
   가. 대화상대자를 찾을 것이다.
   나. 대화상대자가 없을 경우는 극단적 경향을 보일 수 있다: 자살, 군무이탈
   다. 이기심과 업무미숙으로 부내 내 구타·가혹행위 발생가능성

4. 내담자에 대한 추후 지도계획은?
   가. 지속적인 상담실시: 주 1회 이상
   나. 간부/ 분대장에 의한 입체적 관리
   다. 대화 상대자를 선정하여 주기적으로 이야기를 나누도록 한다.
   라. 김 일병의 장점을 부각시켜 분대원에게 인지시킨다.
      ① 자신감 심어줄 수 있는 방안 강구: 간부/ 분대원들의 칭찬과 격려

② 원활한 대인관계 유지: 분대장/ 분대원과 잦은 만남의 시간

마. 소속감과 단체의식 갖도록 분대단위 활동 강화

바. 군종장교나 의무중대장과 협조 진료/ 상담

3 사례연구 "2"(이성, 성격, 가정문제)

가. 특별상황

1) 전임자로부터 인수한 일병 이고민의 심리검사 자료

가) 군 인성검사 그래프

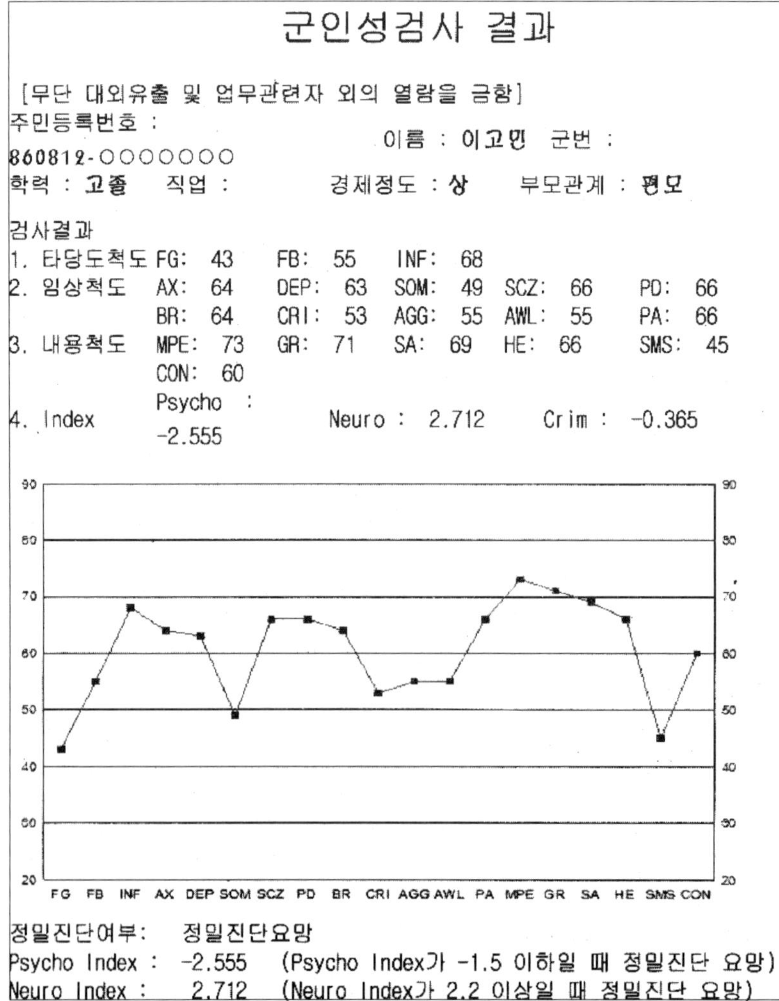

군인성검사 결과

[무단 대외유출 및 업무관련자 외의 열람을 금함]

주민등록번호 : 860812-OOOOOOO 이름 : 이고민 군번 :

학력 : 고졸 직업 : 경제정도 : 상 부모관계 : 편모

검사결과

1. 타당도척도	FG: 43	FB: 55	INF: 68		
2. 임상척도	AX: 64	DEP: 63	SOM: 49	SCZ: 66	PD: 66
	BR: 64	CRI: 53	AGG: 55	AWL: 55	PA: 66
3. 내용척도	MPE: 73	GR: 71	SA: 69	HE: 66	SMS: 45
	CON: 60				
4. Index	Psycho : -2.555	Neuro : 2.712		Crim : -0.365	

정밀진단여부: 정밀진단요망

Psycho Index : -2.555 (Psycho Index가 -1.5 이하일 때 정밀진단 요망)

Neuro Index : 2.712 (Neuro Index가 2.2 이상일 때 정밀진단 요망)

나) 군 인성검사 결과해석

군 인성검사 결과해석

[무단 대외유출 및 업무관련자 외의 열람을 금함]

본 해석지는 성격경향을 심리학 및 통학적인 추론을 통해서 예측한 것에 지나지 않으며 개인의 성격경향 자체를 설명하는 것은 아닙니다.

주민등록번호: 960407-OOOOOOO 이름: 이고민 군번: ____________________

단체생활에서 주어진 상황을 빨리 파악하고 적절한 행동하는데 어려움이 있다. 조직적인 생활에서 잘 적응하지 못한다. 규율을 잘 받아들이지 못하고, 명령에 따르지 않는 경향이 있다. 일을 처리하는 요령과 융통성이 부족하다. 자신감이 부족하고 행동이 느리다. 혼자서는 잘 하는 일도 여러 사람 앞에서는 어려워한다. 협동심이 부족하고 동료들을 배려하지 않는다. 자기중심적으로 행동하는 경향이 있다. 군대나 군 생활에 대한 부정적인 태도를 가지고 있는 편이다. 끈기와 참을성이 부족하다. 눈치가 빠르지 못하다. 앞에 나서서 일을 하지 못하고 소극적으로 행동한다. 사람들에 대해 무관심하고 남들이 자신을 어떻게 생각하는지 신경 쓰지 않는 편이다. 외톨이로 고립되어 혼자 지내려는 경향이 있다.

신체적인 불편감을 호소한다. 음주문제를 일으킬 가능성이 있다.

집단이나 조직생활에 대한 자신감이 부족하다. 다른 사람이 자신을 이해하지 못한다는 생각을 많이 하고 다른 사람의 시선에 예민하다.

주위에 대한 불평이 많고, 다른 사람에게 욕을 하거나 폭력을 행사하는 등 충동적인 행동을 하기도 한다. 어떠한 수단을 사용하든 원하는 것을 얻으면 된다고 생각하는 경향이 있다. 잡념이 많다. 자신의 행동에 대한 죄책감을 느끼고 후회스러워 한다.

지나치게 예민하다. 일상생활에서 불만족감을 많이 느낀다. 자존감이 낮다.

비현실적인 생각이나 기대를 많이 한다. 자신이나 자신의 미래에 대한 불안하게 느끼고 걱정을 많이 한다. 사람사귀는 것이 어렵고 수줍어한다. 자신의 충동이나 욕구를 잘 조절하는 것으로 생각하지만 스트레스에 효율적으로 대처하지 못한다.

냉담하고 동정심이 부족하다. 자신이나 타인의 감정에 매우 둔감하다. 일반 사람들과 상당히 다른 생각과 태도를 가지고 있다. 유별나고 괴팍한 모습이나 행동을 보이기도 하며 자신만의 공상을 즐기기도 한다. 사람들과 잘 어울리지 못하고 업무수행에도 어려움을 보일 수 있다.

검사장소/ 소속: 검사일: 출력일자:

2) 전임자로부터 받은 최근 이고민 일병의 생활태도

- 어릴 적부터 아버지와 어머니가 많이 싸워서 가출한 경험도 있음.
- 군 입대 2개월 후 아버지와 어머니가 이혼, 최근 일병 진급 휴가 시 갈 집이 마땅치 않아 친구 집에서 지냈다 함.
- 상급자가 하는 일에 대해 사사건건 불평불만을 하고 2주 전에는 분대장의 정당한 지시에도 노골적으로 반항을 하여 소(전포)대장이 얼차려를 준 적도 있음.
- 입대 전 애인과 동거를 했는데 일병 진급 휴가 시부터 소식이 없다고 함.
- 근무 간 후임병들을 괴롭히고 심지어는 구타를 한 적이 있다.
- 음주 주벽이 있어 술만 마시면 폭력을 행사한다고 함.

MEMO

3) 생활지도 기록부

가) 병영생활 지도를 위한 개인 신상기록

<table>
<tr><td>주특기</td><td colspan="2">1111</td><td colspan="2">직책(*)</td><td>소총수</td><td colspan="2" rowspan="3">(사 진)</td></tr>
<tr><td>입대일</td><td colspan="2">16년 0월 0일</td><td colspan="2">생년월일</td><td>96.4.7(음,(양))</td></tr>
<tr><td>자대
전입일</td><td colspan="2">16년 0월 0일</td><td colspan="2">주민등록번호</td><td>960812-
0000000</td></tr>
<tr><td>본 적</td><td colspan="4">서울특별시 관악구 남현동ooo-ooo</td><td>집 전 화</td><td colspan="2">061)ooo-oooo</td></tr>
<tr><td>주소(*)</td><td colspan="4">서울특별시 노원구
상계1동ooo-ooo</td><td>입 대 전
본인 연락처</td><td colspan="2">061)xxx-xxxx
동거녀 집</td></tr>
<tr><td>분대장</td><td colspan="7">교육기간( ) 임명일( )</td></tr>
<tr><td>본인
E-mail</td><td colspan="7">qwer@hanmail.net 게임 I.D: ____________</td></tr>
</table>

<table>
<tr><td rowspan="9">가족/친·인척</td><td rowspan="2">관계</td><td rowspan="2">성명</td><td rowspan="2">생년월일</td><td rowspan="2">학력</td><td rowspan="2">종교</td><td rowspan="2">직장 및 직위</td><td colspan="2">연락처</td></tr>
<tr><td>핸드폰</td><td>E-mail</td></tr>
<tr><td>부</td><td>o o o</td><td>55</td><td>대졸</td><td>무교</td><td>그룹 중견간부</td><td></td><td></td></tr>
<tr><td>모</td><td>o o o</td><td>55</td><td>상동</td><td>천주교</td><td>옷가게 운영</td><td>000-0000</td><td></td></tr>
<tr><td>형</td><td>o o o</td><td>30</td><td>대원졸</td><td>상동</td><td>연구소 연구원</td><td>000-0000</td><td>~@.net</td></tr>
<tr><td>누나</td><td>o o o</td><td>26</td><td>대졸</td><td>상동</td><td>약사</td><td>000-0000</td><td>~@.net</td></tr>
<tr><td></td><td></td><td></td><td></td><td></td><td></td><td></td><td></td></tr>
<tr><td></td><td></td><td></td><td></td><td></td><td></td><td></td><td></td></tr>
<tr><td></td><td></td><td></td><td></td><td></td><td></td><td></td><td></td></tr>
<tr><td colspan="9">간부들이 병사들과 더불어 함께 아파하고, 함께 슬퍼하며, 함께 기뻐한다면 열악한 장비나 부족한 물자로도 적을 무찌를 수 있다. 적은 병력만으로도 성을 공격할 수 있다. 장애물과 참호 없이도 능히 적을 막을 수 있다.

『한국적 지휘통솔(韓國的 指揮統率)』 중에서</td></tr>
</table>

<table>
<tr><th colspan="2" rowspan="4">애 인</th><th rowspan="2">성명</th><th rowspan="2">생년월일</th><th rowspan="2">학력</th><th rowspan="2">종교</th><th rowspan="2">직장 및 직위</th><th colspan="2">연락처</th></tr>
<tr><th>핸드폰</th><th>E-mail</th></tr>
<tr><td>문지영</td><td>20살</td><td>고졸</td><td>무교</td><td>직장인</td><td>000-0000</td><td>~@.net</td></tr>
<tr><td></td><td></td><td></td><td></td><td></td><td></td><td></td></tr>
<tr><th colspan="2" rowspan="3">친 구</th><td>김영수</td><td>21살</td><td>고졸</td><td>불교</td><td>휴학중</td><td>000-0000</td><td>~@.net</td></tr>
<tr><td>배철희</td><td>21살</td><td>고졸</td><td>천주교</td><td>군 입대</td><td>000-0000</td><td>~@.net</td></tr>
<tr><td></td><td></td><td></td><td></td><td></td><td></td><td></td></tr>
<tr><th colspan="2">양친관계</th><td colspan="7">친부, 친모, 계부, 계모, 양부모, 부모별거,
기 타: 이혼(입대 2개월 후 이혼)</td></tr>
<tr><th colspan="2">동거부모 주소</th><td colspan="7">서울특별시 관악구 남현동 ooo-ooo(어머니 집)</td></tr>
<tr><th colspan="2">별거부모 주소</th><td colspan="7">서울특별시 강남구 역삼동 ooo-ooo(아버지 집)</td></tr>
<tr><th colspan="2">가족구성</th><td colspan="7">(2남) (1여) 중 (2남), (대)독자, 이복형제(명)
기 타: 막내</td></tr>
<tr><th rowspan="3">본인</th><th>주거</th><td colspan="7">부모와 동거, 분가, 기타(여자 친구와 동거)</td></tr>
<tr><th rowspan="2">결혼 관계</th><td colspan="7">결혼(년), 동거(1년), 약혼, 미혼, 자녀수 (명)</td></tr>
<tr><td colspan="7">결혼(동거) 시 생계유지책(본인 급여 · 주유소 직원)</td></tr>
<tr><th rowspan="3">생활정도</th><th>주택</th><td colspan="3">(자가), 전세, 월세, 관사,
기타</td><td colspan="2">아파트, (양옥)
한옥</td><td colspan="2">건평(40),
방(4개)</td></tr>
<tr><th>월수입</th><td colspan="3">월평균 (400 만원)</td><td>부양자</td><td colspan="3">주부양자: 모친 부
부양자: 형/ 누나</td></tr>
<tr><th>수입원</th><td colspan="7">(구체적으로) 모친: OO옷가게 운영, 형: OO그룹 연구원,
누나: ◇◇약국 약사</td></tr>
<tr><td colspan="9">아아 슬프다! 그대들은 나라와 상관을 위해 자신의 본분을 다하고 장렬히 전사(戰死)했다. 그러나 나 이순신은 부하와 침식을 같이하고 등창의 종기를 빨아주던 오기(吳起)의 덕(德)을 다하지 못하였노라.

이충무공(李忠武公)의 전사자 위령제 제문</td></tr>
</table>

나) 병영생활 지도를 위한 입대 전 생활기록

<table>
<tr><td rowspan="8">학
교
생
활</td><td rowspan="5">학
력</td><td colspan="2">대학원 과 학년 학기</td><td>졸업, 재학, 중퇴</td><td rowspan="5">사
유</td><td></td></tr>
<tr><td colspan="2">대학 과 학년 학기</td><td>졸업, 재학, 중퇴</td><td></td></tr>
<tr><td colspan="2">OO고등학교 3학년 2학기</td><td>(졸업), 재학, 중퇴</td><td>고퇴후
졸업(4년)</td></tr>
<tr><td colspan="2">OO중학교 3학년 2학기</td><td>(졸업), 재학, 중퇴</td><td></td></tr>
<tr><td colspan="2">OO초등학교 6학년 2학기</td><td>(졸업), 재학, 중퇴</td><td></td></tr>
<tr><td rowspan="3">전공,
동아리,
취미
활동</td><td>중학교</td><td colspan="4"></td></tr>
<tr><td>고등학교</td><td colspan="4"></td></tr>
<tr><td>대학교</td><td colspan="4"></td></tr>
</table>

<table>
<tr><td rowspan="11">개
인
특
성</td><td colspan="2">성격 및 특성</td><td colspan="5">(내향적), 외향적, 사교적, 독선적
특이사항: 과격</td></tr>
<tr><td colspan="2">생활 태도</td><td colspan="5">낙제, (정학), 퇴학, 장기결석(일)</td></tr>
<tr><td rowspan="5">신체
조건</td><td rowspan="2">신 장</td><td rowspan="2">체 중</td><td rowspan="2">혈액형</td><td colspan="2">입 원 치 료 기 록</td></tr>
<tr><td>병 명</td><td>기 간</td></tr>
<tr><td>170 cm</td><td>73kg</td><td>A</td><td></td><td></td></tr>
<tr><td>신체 등위</td><td colspan="2">시 력</td><td></td><td></td></tr>
<tr><td>2급</td><td>1.5</td><td>1.5</td><td></td><td></td></tr>
<tr><td colspan="2">심신장애사항</td><td colspan="5">정신질환, 간질, 야뇨, 관절염, 치질, 성병, 야맹, 평발</td></tr>
<tr><td>취미</td><td>음악</td><td>특기</td><td>노래부르기</td><td>기호</td><td>소주(3홉), 담배(2갑)
기타 :</td></tr>
<tr><td>종교</td><td colspan="3">종파: 천주교 영세
신앙정도: 중
특이사항: 군입대후 신앙생활 전념</td><td>가출
사례</td><td>당시 연령: 16세
이유: 아버지와의 불화</td></tr>
<tr><td>처벌</td><td colspan="5">장소(소년원, 교도소), 기간 ; 년 월,
내용: 이성관계 문란으로 고교 2년중 퇴학</td></tr>
</table>

전쟁이 있어났을 때 병을 진군시키는 방법은 다음과 같다. 간부는 엄동설한에 혼자만 외투를 걸치지 않고, 무더위에도 혼자만 부채를 들지 않으며, 비가 와도 혼자만 우산을 쓰지 않는 것이다. 전투에서 최선두에 서고, 잠자리엔 맨 나중에 들며, 병(兵)이 식사하는 것을 보고 제일 늦게 식사를 하고, 병(兵)의 방이 더워진 다음에 간부의 방을 덥게 하는 것이다.

진(秦)나라의 『태공여상(太公呂尙)』 중에서

<table>
<tr><td rowspan="4">자격증</td><td colspan="2">종 류</td><td colspan="2">취 득 일</td><td colspan="2">종 류</td><td>취득일</td></tr>
<tr><td colspan="2"></td><td></td><td></td><td colspan="2"></td><td></td></tr>
<tr><td colspan="2"></td><td></td><td></td><td colspan="2"></td><td></td></tr>
<tr><td colspan="2"></td><td></td><td></td><td colspan="2"></td><td></td></tr>
<tr><td rowspan="10">사회경력
(직장,
동아리,
활동 등)</td><td rowspan="3">근 무 지</td><td rowspan="3">기 간</td><td rowspan="3">직 책</td><td colspan="4">직장, 동료, 선 · 후배</td></tr>
<tr><td rowspan="2">성 명</td><td colspan="2">연 락 처</td><td rowspan="2">관 계</td></tr>
<tr><td>핸드폰</td><td>E-mail</td></tr>
<tr><td>◇◇주유소</td><td>7개월</td><td>주유원</td><td>박경유</td><td>00-000</td><td></td><td>사장</td></tr>
<tr><td></td><td></td><td></td><td></td><td></td><td></td><td></td></tr>
<tr><td></td><td></td><td></td><td></td><td></td><td></td><td></td></tr>
<tr><td></td><td></td><td></td><td></td><td></td><td></td><td></td></tr>
<tr><td></td><td></td><td></td><td></td><td></td><td></td><td></td></tr>
<tr><td></td><td></td><td></td><td></td><td></td><td></td><td></td></tr>
<tr><td></td><td></td><td></td><td></td><td></td><td></td><td></td></tr>
<tr><td>전역 후
하고
싶은 일</td><td colspan="7">좀 더 안정된 직장을 구하고 여자 친구랑 결혼해서 행복하게 살고 싶다.</td></tr>
<tr><td colspan="8">예부터 훌륭한 간부는 자기 자식을 기르듯 병사를 관리했다. 병사의 어려운 일이 있으면 간부가 앞장서서 도와주고, 공로를 세우면 부하를 앞세우며, 병사가 죽으면 이를 애석해하여 엄숙히 장례를 치르고… 간부가 그렇게만 한다면 그 부대는 가는 곳마다 승리할 것이다.

촉한(蜀漢)의 제갈량(諸葛亮)의 심서(心書)</td></tr>
</table>

다) 생활지도를 위한 입대 후 병영생활기록

분야		신병교육기간	1 년 차·	2 년 차
일상생활	성 격	활발하나 어려운 일에는 열외 의식 강함	사소한 일에 흥분하는 경향이 있음	
	건 강	위장병, 두통 호소	좌 동	
	가 정	가족 간의 연락이 적음(서신 왕래 없음)	자대 전입 1개월 후 부모님 이혼	
	여자(친구)	애인과 잦은 유선 통화	일병 정기휴가 간 애인과 연락 안 됨	
	금 전	통장 3만원 보관	통장 5만원	
기타사항	면회		없 음	
	외출 외박		없 음	
	휴가		일병 정기휴가(10일) (o년o월o일~o월o일)	
	서신 왕래	여자 친구 서신 4회 사회 친구 1회	여자 친구 3회	
상 벌			영창 7일(구타가혹행위) (o년o월o일~o월o일)	
작성관 (직책, 계급, 성명,군번, H/P번호)		중사 한라산	중사 지리산	

병자호란 때 남한산성 수비장군이었던 이시백 장군은 "싸우는 군사들은 솜옷도 입지 못하고 추위에 떨고 있는데, 대장의 자리에 앉은 자가 어찌 혼자 따뜻한 가죽옷을 입을 수 있겠습니까?"라며 인조대왕이 하사한 따뜻한 월동용 가죽옷을 마다하고 평복을 입고 성루에서 병사들과 함께 기거하였다

조선시대 이시백(李時白) 장군

라) 입대 후 복무기록

※ 각급 부대는 병사들이 입대 후, 신병교육, 자대 전입으로부터 보직, 진급, 각종 상벌사항 등과 군 복무기간 동안 경험하게 되는 다양한 훈련, 경연대회, 검열, 평가 등을 6하 원칙에 의거 상세히 기록하여 유지한다.

연 월 일	주 요 복 무 내 용	기록/서명
16. 0. 0	훈련소 기본 훈련은 잘 받고 있으나 위장병, 두통으로 훈련에서 열외하고자 하는 경향을 보임(의무대 외진간 특이사항 없음)	중사 한라산
16. 0. 0	주어진 일에는 책임감을 가지고 열심히 하는 편이나 상급자들에게 노골적으로 불평불만을 표시함.	중사 한라산
16. 0. 0	상급자가 하는 일에 대하여 사사건건 불평불만을 표시하고 매사에 짜증과 화를 많이 낸다는 분대장의 보고가 있었음. △월△일 분대장의 정당한 지시에도 노골적으로 반항하여 개인호 파고 되메우기 얼차려 받음. 부대 영내 회식 간 음주 후 주벽으로(고성, 폭력) 뜀걸음 얼차려 받음.	중사 지리산
16. 0. 0	0월0일 근무 간 후임병들을 괴롭히고 구타하여 영창 7일 처벌받음.(징위□호) 입대 동기에게 영외 종교 행사 갔다가 몰래 외출하자고 함.	소위 백두산

> 간부가 병사를 어린아이처럼 여겨 정성으로 돌보면 병사들은 아무리 깊은 계곡(溪谷)으로 충정할지라도 간부를 따를 것이며, 병사를 사랑하는 친자식처럼 귀하게 여기면 사지(死地)라도 간부를 따라갈 것이다.
>
> **손자(孫子)의 지형편(地形篇)**

나. 요구사항

귀관은 상담관으로서 일병 이고민이 가지고 있는 문제를 확인하고 도와주기 위해 상담계획을 작성하고 상담실시 후 일병 이고민의 문제해결을 위한 조치를 하시오.

※ 실습진행 요령

① 군 인성검사 해석 자료, 전임자로부터 받은 최근의 생활태도 등을 바탕으로 상담계획을 작성한다.
② 이고민 일병의 심리상태를 알아보기 위한 핵심적인 질문내용과 전체적으로 상담을 진행하고자 하는 내용을 작성한다.
③ 대화 내용을 작성하여 상담에 임하고 의자배치로부터 효과적인 상담실시를 위한 상담 기술을 적용하여 상담을 이끌어 나가고, 사후 조치까지 작성 및 토의/ 발표한다.
④ 발표 후 상호 느낀 점을 나눈다.

1) 분석 · 종합

1. 내담자를 위한 필요한 도구는 빠짐없이 준비하였는가?

2. 내담자의 인적사항

3. 내담자가 보는 자신의 문제는 무엇인가?

4. 이 문제는 언제 시작되었고, 어떻게 발전되었나?

5. 가족의 사회경제적 환경과 심리적 환경

6. 개인의 신체적 특성과 성격

7. 개인의 성장과 발육, 교육적 배경

8. 현재의 생활 상태(학업, 친구, 가정, 이성, 부대원, 동료 간의 관계)

2) 상담준비

1. 상담 장소를 선정하시오.(글로 쓰고 말로 직접 설명)

2. 상담의 분위기 조성을 위해 귀관이 하고 싶은 것은?(글로 쓰고 말로 설명)

3. 내담자의 심리적 안정을 주기 위해서 귀관은 어떤 준비를 할 것인지?
(글로 쓰고 말로 설명)

4. 상담을 위한 좌석배치는 어떻게 할 것인지 직접 의자를 배치하시오.

3) 상 담

상담자	이 일병 어서 와라. (그늘을 가리키며) 여기에 앉자. (음료수를 내밀며) 콜라 어떠니?
이 일병	(딴 곳을 바라보며…) 아무거나 상관없습니다.
상담자	그래 시원하게 한 모금 마시자 소(전포)대장이 보니 요즘 농구장에서 잘 보이지를 않더구나.
이 일병	(먼 산을 바라보고 있다.)
상담자	내가 이 일병을 보자고 한 것은 농구장에서도 잘 안 보이고 해서 이 일병에게 무슨 고민이 있나 해서야.
이 일병	(이 일병의 표정이 약간은 적대적이다.)
상담자	①
이 일병	저에게 별 도움도 되지 않은 이런 자리가 왜 필요한지 모르겠어요.
상담자	그래 이 일병이 그렇게 이야기하니까 섭섭한데… 그래도 나는 이 일병에게 조금이나마 도움이 될까 해서 불렀는데….
이 일병	(무엇인가를 말하려다가 침묵을 지키며 손가락만 만지작거린다.)
상담자	(이 일병에게 약간 다가앉으며) 무슨 이야기라도 상관없이 부담 없이 해… 그리고 우리가 한 이야기는 우리들만이 아는 거야.
이 일병	(머뭇거리다) 정말인가요?
상담자	그래 그 문제는 걱정을 하지 않아도 돼.
이 일병	저… 사실은… 지난 휴가 때…
상담자	(부드러운 시선으로 바라보며 침묵)
이 일병	(괴로운 표정을 지우면서 울먹이기 시작한다.)
상담자	(침묵) (다정스럽게 어깨를 두드려 준다.) (어느 정도 시간이 흐른 후) 요즘 지내기가 몹시 힘든가 보구나.
이 일병	사실은 지난 휴가 때 여자 친구와 헤어졌습니다. 1년 전부터 동거하고 있었는데 이렇게 갑자기 헤어지자고 하더니, 다른 남자가 생겼다고 합니다. 그 생각을 하면 밤에 잠도 안 오고, 자다가도 벌떡벌떡 일어나지기도 하고 당장이라도 뛰쳐나가서 두 사람을 요절을 내고 싶습니다.
상담자	②
상담자	그런데 요절을 내고 싶다는 말이 무엇이지
이 일병	(흐느끼고 감정이 격앙되어서) 두들겨 패기라도 하면 제 속이 좀 후련해질

	것 같습니다.
상담자	③
이 일병	(소(전포)대장 말에 전혀 귀를 기울이지 않는다.) 좋은 말로 해서는 안 될 사람들은 두들겨 패서라도 본때를 보여줘야 합니다.
상담자	물론 네가 화가 나는 것은 이해하지만 일을 감정적으로 처리하다보면 더 문제를 어렵게 만들 수도 있지 않을까?
이 일병	그렇다는 것은 알겠지만 제가 할 수 있는 게 아무것도 없는 것 같습니다. 이제 세상에 저밖에 없는 것 같고… 부모님도 이혼하시고, 이제 휴가 나가면 갈 곳도 마땅히 없습니다. 모든 사람에게 버려진 느낌이에요. 기댈 곳이 전혀 없어요. 누구하나 의논할 사람도, 도와줄 사람도 없고, 부대 동료들도 모두 자기생활에만 바쁘고, 저의 이야기를 털어놓을 사람이 없습니다.
상담자	상황이 아주 안 좋은 것 같구나. 기대보다 실망스러웠던 일들도 많았고.
이 일병	(군 생활에 강한 거부감을 나타낸다) 이게 모두 제가 군에 들어와서 생긴 것입니다. 제가 군에만 들어오지 않았어도 여자 친구와 잘 지낼 수 있었고, 부모님도 제가 군에 와서 이혼까지 하게 되신 것입니다.
상담자	구체적으로 어떤 문제들이 네가 그렇게 생각하게 만들었는지 예를 들어 설명해 줄 수 있겠니?
이 일병	(당황하며) 침묵 , 사실 부모님은 어렸을 때부터 사이가 안 좋으셨고 늘 다투시는 것을 보면서 자랐습니다. 언젠가는 이혼을 하실 거라고 예감하고 있었던 것 같습니다. 그래서 늘 불안했고, 다른 사람들에게도 화를 많이 낸 것 같습니다. 그렇지만 저는 잘 살아 보려고 했는데 여자 친구에게도 잘 해주지 못했고, 술을 먹은 날은 가끔씩 때리기도 했었습니다. 그래서 결국은 이렇게 흑흑흑….
상담자	④ (수용)
상담자	⑤ (직면)
이 일병	아무 생각이 없습니다. 의욕도 없고, 기댈 곳도 없고, 저 같은 놈 죽든 살든 아무도 상관하지 않겠죠.
상담자	자신이 원하는 게 뭔지 별로 확실한 것이 없는 것 같구나. 문제에 대해 생각하는 것보다 회피하는 것이 더 쉽긴 하지.
이 일병	(저항으로 인한 침묵)
상담자	매우 괴로운 줄은 알고 있다. 나라도 그랬을 테니. 누군가에게 얘기를 털어놓기도 쉽지 않고, 일단 시작하면 괜찮은데 시작이 항상 어려워.

4 사례연구 "3"(복무기피, 정서장애, 이상심리, 조울증)

가. 특별상황

1) 전임자로부터 인수한 일병 이고민의 심리검사 자료

가) 군 인성검사 결과

L	F	K	Hs	D	Hy	Pd	Mf	Pa	Pt	Sc	Ma	Si
36	79	42	51	67	50	54	43	87	92	83	54	83

(1) 신뢰도 평가 : 신뢰도가 지나치게 떨어짐, F척도가 지나치게 높음, 이에 대한 두 가지 가능성은 자신의 문제를 과장함으로써 도움을 청하려는 의도 또는 실제로 정신병적인 증상이 있는 경우임

(2) 임상 척도 평가 : 전체적으로 수치가 높게 형성됨

(가) 척도5 : 자신이 불행하다고 느낄 가능성이 충분히 있으며 자기 열등감에 사로잡혀서 자신감이 부족함. 기억 및 판단력이 떨어짐. 사고과정에 대한 통제력을 상실하고 있는 듯한 모습을 보임.

(나) 척도6 : 자신을 둘러싼 환경에 대한 피해의식과 극도의 예민함을 가짐. 자신이 남들에게서 부당한 대우를 받고 있다 느끼고 있음. 이와 관련하여 생각하는 능력의 장애를 심하게 겪을 수 있음. 임상장면에서 편집증적 습관이나 증세를 보일 수 있음.

(다) 척도7 : 주의집중을 잘 하지 못하며 매우 사소한 일에도 겁먹고 공포심을 많이 가짐. 매우 내성적, 강박적이며 자기만의 사고에 빠짐. 그러면서도 자기 스스로에 대해 불안정해하며 열등의식에 빠지고 이에 우울한 양상을 많이 드러냄.

(라) 척도8 : 주변사람들이 자기를 이해하지 못한다고 느낄 가능성이 있으며 내담자가 정신병적 장애를 가지고 있을 가능성을 고려해 볼 수 있는 것임.

(마) 척도10 : 사회적으로 자기에게 낯선 모든 것에 대한 불편감으로 들어갈 가능성이 높음

나) 군 인성검사 결과해석 : 다음 장 참조

2) 전임자로부터 받은 최근 이고민 일병의 생활태도

- 신교대에서 비만소대에 속했었음.
- 초등학교 때 왕따 당하고 욕먹고 구타당하기도 했었음.
- 사람들과 같이 있으면 이상심리(구토, 심장이 멈춤 등)에 빠지며 입대 전 1년간 정신과 진료를 받음.
- 문제에 대하여 무조건적으로 자신의 대대에서 내보내 달라 그렇지 않으면 죽을 것 같다. 살려달라는 반응을 보이며 스스로 상담을 희망한 인원임.
- 말의 초점이 흐트러지고 더듬거리며 발음을 정확하게 하지 못하는 모습도 관찰됨.

군 인성검사 결과해석

[무단 대외유출 및 업무관련자 외의 열람을 금함]

본 해석지는 성격경향을 심리학 및 통학적인 추론을 통해서 예측한 것에 지나지 않으며 개인의 성격경향 자체를 설명하는 것은 아닙니다.

주민등록번호: 960407-OOOOOOO 이름: 이고민 군번: ____________________

자기 주변세계에 대한 불안감과 초조감에 빠지며 만성적인 우울감을 호소할 가능성이 높다. 마음속에 불안정감 및 열등감을 품고 있으며 사고가 자기 중심적으로 경직되어 있는 모습을 보인다. 내향적인 기질을 가지며 성격적인 우울 성향을 보임. 사회적 기술이 부족하며 성격적으로 대인관계 간 고립될 가능성이 많다.

피해망상, 과대망상 등의 정신병적 증상 및 행동을 드러내며 자폐적이고 산만하며 단편적인 사고구조를 가지고 있으며 자존감이 부족함. 주변사람들과 정서적인 관계를 맺지 않으며 주변사람을 의심함. 스트레스를 받으면 현실도피적인 행동을 습관적으로 행하고 있다.

상당히 혼란스러운 정서적 동요상태에 있으며 만성적으로 안절부절못하며 사회적인 관계 간 침착하지 못하고 위축되고 고립되어 있는 경향이 있음.

상당히 독선적인 성향이 있으며 자기에게 나쁘다 생각되는 사람들에 대한 적개심을 풀지 못하는 모습이 있음. 용서를 잘 못하고 염세적이라 자해의 위험이 있으며 부정적인 상상 및 피해망상, 정신분열에 시달릴 가능성이 있음.

전반적으로 비현실적·비논리적이며 일하는데 있어 상대방의 감정을 고려하지 않고 열등감이 확실히 강하고 주위 사람들의 언행에 과민반응을 나타낼 가능성이 많음.

자기감정을 억압함으로써 스트레스와 슬픔에 잠겨 있을 가능성이 충분히 있음. 대인관계도 원만하지 못하여 소외될 가능성이 너무 많음. 자기 감정을 효율적으로 표현하지 못하며 너무 서툴러서 이해할 만한 친구가 없음.

약한 우유부단형 및 자기 부정형으로 나타남. 타인의 요구와 부탁에 잘 맞추는 모습은 별로 보이지 않음. 확실한 것은 자기를 비하하는 모습이 많이 보인다는 것임 . 자기를 비하하기 때문에 자신에 대한 남들의 지적에 겉으로는 수동적으로 받아들이나 내적으로는 많이 갈등하고 힘들어할 가능성이 많음

검사장소/ 소속: 검사일: 출력일자:

3) 생활지도 기록부

가) 병영생활 지도를 위한 개인 신상기록

주특기	1611	직책(*)	야전공병	(사 진)
입대일	16년 O월 O일	생년월일	96.4.5(음,㉭)	
자대 전입일	16년 O월 O일	주민등록번호	960812-0000000	
본 적	서울특별시 은평구 녹번동ooo-ooo		집 전 화	02)ooo-oooo
주소(*)	서울특별시 은평구 응암동ooo-ooo		입 대 전 본인 연락처	02)xxx-xxxx 자가
분대장	교육기간( ) 임명일( )			
본인 E-mail	tyui@hanmail.net 게임 I.D: ____________			

가족/친·인척	관계	성명	생년월일	학력	종교	직장 및 직위	연락처	
							핸드폰	E-mail
	부	o o o	49	대졸	무교	주방장		
	모	o o o	49	상동	기독교	보험사직원	000-0000	
	누나	o o o	25	대졸	상동	입시학원보조	000-0000	~@.net

간부들이 병사들과 더불어 함께 아파하고, 함께 슬퍼하며, 함께 기뻐한다면 열악한 장비나 부족한 물자로도 적을 무찌를 수 있다. 적은 병력만으로도 성을 공격할 수 있다. 장애물과 참호 없이도 능히 적을 막을 수 있다. **『한국적 지휘통솔(韓國的 指揮統率)』중에서**

<table>
<tr><td colspan="2" rowspan="4">애 인</td><td rowspan="2">성명</td><td rowspan="2">생년월일</td><td rowspan="2">학력</td><td rowspan="2">종교</td><td rowspan="2">직장 및 직위</td><td colspan="2">연락처</td></tr>
<tr><td>핸드폰</td><td>E-mail</td></tr>
<tr><td></td><td></td><td></td><td></td><td></td><td></td><td></td></tr>
<tr><td></td><td></td><td></td><td></td><td></td><td></td><td></td></tr>
<tr><td colspan="2" rowspan="3">친 구</td><td>이기광</td><td>21살</td><td>고졸</td><td>기독교</td><td>휴학중</td><td>000-0000</td><td>~@.net</td></tr>
<tr><td>최관수</td><td>21살</td><td>고졸</td><td>천주교</td><td>군 입대</td><td>000-0000</td><td>~@.net</td></tr>
<tr><td></td><td></td><td></td><td></td><td></td><td></td><td></td></tr>
<tr><td colspan="2">양친관계</td><td colspan="7">친부, 친모
기 타:</td></tr>
<tr><td colspan="2">동거부모 주소</td><td colspan="7">서울특별시 은평구 응암동 ooo-ooo(어머니 집)</td></tr>
<tr><td colspan="2"></td><td colspan="7"></td></tr>
<tr><td colspan="2">가족구성</td><td colspan="7">(1남) (1여) 중 (1남), (대)독자, 이복형제(명)
기 타: 막내</td></tr>
<tr><td rowspan="3">본 인</td><td>주거</td><td colspan="7">부모와 동거, 분가, 기타</td></tr>
<tr><td rowspan="2">결혼 관계</td><td colspan="7">결혼(년), 동거(년), 약혼, 미혼, 자녀수 (명)</td></tr>
<tr><td colspan="7">결혼(동거) 시 생계유지책(본인 급여 · 주유소 직원)</td></tr>
<tr><td rowspan="3">생 활 정 도</td><td>주택</td><td colspan="3">자가, 전세, 월세, 관사,
기타</td><td colspan="2">아파트,
한옥</td><td colspan="2">건평(24),
방(3개)</td></tr>
<tr><td>월수입</td><td colspan="3">월평균 (400 만원)</td><td>부양자</td><td colspan="3">주부양자: 부친
부양자:</td></tr>
<tr><td>수입원</td><td colspan="7">(구체적으로) 부친: 냉면집주방장, 모친: 보험사 직원,
누나: 입시학원 行政보조</td></tr>
</table>

아아 슬프다! 그대들은 나라와 상관을 위해 자신의 본분을 다하고 장렬히 전사(戰死)했다. 그러나 나 이순신은 부하와 침식을 같이하고 등창의 종기를 빨아주던 오기(吳起)의 덕(德)을 다하지 못하였노라.

이충무공(李忠武公)의 전사자 위령제 제문

나) 병영생활 지도를 위한 입대 전 생활기록

<table>
<tr><td rowspan="9">학교생활</td><td rowspan="5">학력</td><td colspan="3">대학원 과 학년 학기</td><td colspan="2">졸업, 재학, 중퇴</td><td rowspan="5">사유</td><td></td></tr>
<tr><td colspan="3">대학 과 학년 학기</td><td colspan="2">졸업, 재학, 중퇴</td><td></td></tr>
<tr><td colspan="3">OO고등학교 3학년 2학기</td><td colspan="2">졸업(○), 재학, 중퇴</td><td></td></tr>
<tr><td colspan="3">OO중학교 3학년 2학기</td><td colspan="2">졸업(○), 재학, 중퇴</td><td></td></tr>
<tr><td colspan="3">OO초등학교 6학년 2학기</td><td colspan="2">졸업(○), 재학, 중퇴</td><td></td></tr>
<tr><td rowspan="3">전공, 동아리, 취미 활동</td><td>중학교</td><td colspan="6"></td></tr>
<tr><td>고등학교</td><td colspan="6"></td></tr>
<tr><td>대학교</td><td colspan="6"></td></tr>
<tr><td colspan="8"></td></tr>
<tr><td rowspan="12">개인특성</td><td colspan="2">성격 및 특성</td><td colspan="6">내향적(○), 외향적, 사교적, 독선적
특이사항: 과격</td></tr>
<tr><td colspan="2">생활 태도</td><td colspan="6">낙제, 정학, 퇴학, 장기결석(일)</td></tr>
<tr><td rowspan="5">신체 조건</td><td rowspan="2">신 장</td><td rowspan="2">체 중</td><td rowspan="2" colspan="2">혈액형</td><td colspan="3">입 원 치 료 기 록</td></tr>
<tr><td>병 명</td><td colspan="2">기 간</td></tr>
<tr><td>172 cm</td><td>93kg</td><td colspan="2">A</td><td></td><td colspan="2"></td></tr>
<tr><td>신체 등위</td><td colspan="3">시 력</td><td></td><td colspan="2"></td></tr>
<tr><td>3급</td><td>1.2</td><td colspan="2">1.2</td><td></td><td colspan="2"></td></tr>
<tr><td colspan="2">심신장애사항</td><td colspan="6">정신질환, 간질, 야뇨, 관절염, 치질, 성병, 야맹, 평발</td></tr>
<tr><td>취미</td><td>음악</td><td>특기</td><td>노래부르기</td><td>기호</td><td colspan="3">소주(2홉), 담배(1갑)
기타 :</td></tr>
<tr><td>종교</td><td colspan="3">종파: 기독교 세례(군입대후)
신앙정도: 중
특이사항: 군입대후 신앙생활 전념</td><td>가출 사례</td><td colspan="3"></td></tr>
<tr><td>처벌</td><td colspan="7">장소(소년원, 교도소), 기간 : 년 월,
내용:</td></tr>
</table>

전쟁이 있어났을 때 병을 진군시키는 방법은 다음과 같다. 간부는 엄동설한에 혼자만 외투를 걸치지 않고, 무더위에도 혼자만 부채를 들지 않으며, 비가 와도 혼자만 우산을 쓰지 않는 것이다. 전투에서 최선두에 서고, 잠자리엔 맨 나중에 들며, 병(兵)이 식사하는 것을 보고 제일 늦게 식사를 하고, 병(兵)의 방이 더워진 다음에 간부의 방을 덥게 하는 것이다.

진(秦)나라의 『태공여상(太公呂尙)』 중에서

<table>
<tr><td rowspan="4">자격증</td><td colspan="2">종 류</td><td colspan="2">취 득 일</td><td colspan="2">종 류</td><td>취득일</td></tr>
<tr><td colspan="2"></td><td></td><td></td><td colspan="2"></td><td></td></tr>
<tr><td colspan="2"></td><td></td><td></td><td colspan="2"></td><td></td></tr>
<tr><td colspan="2"></td><td></td><td></td><td colspan="2"></td><td></td></tr>
<tr><td rowspan="9">사회경력
(직장,
동아리,
활동 등)</td><td rowspan="3">근 무 지</td><td rowspan="3">기 간</td><td rowspan="3">직 책</td><td colspan="4">직장, 동료, 선·후배</td></tr>
<tr><td rowspan="2">성 명</td><td colspan="2">연 락 처</td><td rowspan="2">관 계</td></tr>
<tr><td>핸드폰</td><td>E-mail</td></tr>
<tr><td>편의점</td><td>1개월</td><td>판매원</td><td>박두식</td><td>00-000</td><td></td><td>사장</td></tr>
<tr><td></td><td></td><td></td><td></td><td></td><td></td><td></td></tr>
<tr><td></td><td></td><td></td><td></td><td></td><td></td><td></td></tr>
<tr><td></td><td></td><td></td><td></td><td></td><td></td><td></td></tr>
<tr><td></td><td></td><td></td><td></td><td></td><td></td><td></td></tr>
<tr><td></td><td></td><td></td><td></td><td></td><td></td><td></td></tr>
<tr><td>전역 후
하고
싶은 일</td><td colspan="7">취직해서 돈을 많이 벌고 싶다.</td></tr>
<tr><td colspan="8">예부터 훌륭한 간부는 자기 자식을 기르듯 병사를 관리했다. 병사의 어려운 일이 있으면 간부가 앞장서서 도와주고, 공로를 세우면 부하를 앞세우며, 병사가 죽으면 이를 애석해하여 엄숙히 장례를 치르고… 간부가 그렇게만 한다면 그 부대는 가는 곳마다 승리할 것이다.

촉한(蜀漢)의 제갈량(諸葛亮)의 심서(心書)</td></tr>
</table>

다) 생활지도를 위한 입대 후 병영생활기록

분야		신병교육기간	1 년 차(100일미만)	2 년 차
일상생활	성 격	소심하며 어려운 일에는 열외의식 강함		
	건 강	구토, 심장이 멈춤 호소		
	가 정	가족 간의 연락이 적음(서신왕래 없음)		
	여자(친구)			
	금 전	통장 5만원 보관		
기타사항	면회			
	외출 외박			
	휴가			
	서신 왕래	없음		
상 벌				
작성관(직책, 계급, 성명,군번, H/P번호)		중사 한라산		

병자호란 때 남한산성 수비장군이었던 이시백 장군은 “싸우는 군사들은 솜옷도 입지 못하고 추위에 떨고 있는데, 대장의 자리에 앉은 자가 어찌 혼자 따뜻한 가죽옷을 입을 수 있겠습니까?”라며 인조대왕이 하사한 따뜻한 월동용 가죽옷을 마다하고 평복을 입고 성루에서 병사들과 함께 기거하였다

조선시대 이시백(李時白) 장군

라) 입대 후 복무기록

※ 각급 부대는 병사들이 입대 후, 신병교육, 자대 전입으로부터 보직, 진급, 각종 상벌사항 등과 군 복무기간 동안 경험하게 되는 다양한 훈련, 경연대회, 검열, 평가 등을 6하 원칙에 의거 상세히 기록하여 유지한다.

연 월 일	주 요 복 무 내 용	기록/서명
16. O. O	훈련소 기본 훈련은 잘 받고 있으나 구토, 심장이 멈춤으로 훈련에서 열외하고자 하는 경향을 보임(의무대 외진간 특이사항 없음)	중사 이충무
16. O. O	자기 소속부대에서 도무지 적응을 못하겠다, 죽고 싶다는 등의 문제호소.	중사 이충무
16. O. O	군에 있는 게 너무나 힘들다, 죽고 싶을 정도로 힘들다. 자기만의 취미를 가지고 있지만 그런 자기 스스로를 매우 부정적으로 생각함.	중사 이충무
16. O. O	훈련이 끔찍하게 힘들었지만 어느 정도 목표를 성취함. 자기 소속중대에서 나가고 싶다고 함. (그러나 죽고 싶다는 말은 더 이상 하지 않음) 자기 스스로 못났다고 생각함.	소위 백두산
16. O. O	현실도피적인 유치원생 같은 심리가 있음 기분장애, 정서장애적 조울증이 의심됨 전방대대에서 부대복무 및 관리하는 것은 부대장의 지휘 부담만을 가중시키고 본인 스스로를 위해서도 의미가 없으므로 오히려 그린캠프 입소 중 지능검사를 의뢰하여 그 결과에 따라 현역복무부적합 심의처리를 고려해 보는 게 낫지 않을까 판단됨.	비전캠프 이상담
16. O. O	그린캠프에 대해 물어봄 대화하는 기술 및 모습은 처음보다 다소 나아짐 부대를 옮긴 것을 후회하고 있으며 원복하면 잘하겠다는 다짐을 말함	중사 이충무
16. O. O	그린캠프에 입소조치함	중사 이충무

> 간부가 병사를 어린아이처럼 여겨 정성으로 돌보면 병사들은 아무리 깊은 계곡(溪谷)으로 충정할지라도 간부를 따를 것이며, 병사를 사랑하는 친자식처럼 귀하게 여기면 사지(死地)라도 간부를 따라갈 것이다.
>
> **손자(孫子)의 지형편(地形篇)**

나. 요구사항

귀관은 상담관으로서 일병 이고민이 가지고 있는 문제를 확인하고 도와주기 위해 상담계획을 작성하고 상담실시 후 일병 이고민의 문제해결을 위한 조치를 하시오.

※ 실습진행 요령

① 군 인성검사 해석 자료, 전임자로부터 받은 최근의 생활태도 등을 바탕으로 상담계획을 작성한다.
② 이고민 일병의 심리상태를 알아보기 위한 핵심적인 질문내용과 전체적으로 상담을 진행하고자 하는 내용을 작성한다.
③ 대화 내용을 작성하여 상담에 임하고 의자배치로부터 효과적인 상담실시를 위한 상담 기술을 적용하여 상담을 이끌어 나가고, 사후 조치까지 작성 및 토의/ 발표한다.
④ 발표 후 상호 느낀 점을 나눈다.

1) 분석 · 종합

1. 내담자를 위한 필요한 도구는 빠짐없이 준비하였는가?

2. 내담자의 인적사항

3. 내담자가 보는 자신의 문제는 무엇인가?

4. 이 문제는 언제 시작되었고, 어떻게 발전되었나?

5. 가족의 사회경제적 환경과 심리적 환경

6. 개인의 신체적 특성과 성격

7. 개인의 성장과 발육, 교육적 배경

8. 현재의 생활 상태(학업, 친구, 가정, 이성, 부대원, 동료 간의 관계)

2) 상담준비

1. 상담 장소를 선정하시오.(글로 쓰고 말로 직접 설명)

2. 상담의 분위기 조성을 위해 귀관이 하고 싶은 것은?(글로 쓰고 말로 설명)

3. 내담자의 심리적 안정을 주기 위해서 귀관은 어떤 준비를 할 것인지?
(글로 쓰고 말로 설명)

4. 상담을 위한 좌석배치는 어떻게 할 것인지 직접 의자를 배치하시오.

3) 상 담

상담자	그린캠프에서의 생활은 어땠어요?
이 일병	경치가 경치가 장난이 아닙니다.
상담자	경치가?
이 일병	네
상담자	거기가 좀 높은 지대라서 그런가?
이 일병	그런 거는 잘 모르겠는데 뒤에 산이 있는 게 정말 장난이 아닙니다.
상담자	그린캠프 생활은 어때요? 대대와 비교해서
이 일병	군번이나 서열 외우는 것 빼고는….
상담자	똑같애?
이 일병	네 갈구는 것 빼고는… 근데 밥 빨리 먹는다고 뭐라… 여기 그린 캠프에서는….
상담자	밥 빨리 먹는다고?
이 일병	네 거긴 좀 느긋하게 사는 경향이 있어서 그렇습니다.
상담자	아버지와의 기억은 어떠니?
이 일병	부모님은 저를 믿어줍니다. 누나는 늦게 들어오면 여자라고 혼내는데 저는 믿어줍니다.
상담자	감동적이다.(웃음)
이 일병	(엄마가)저희 누나를 못 믿는데 저는 믿어줍니다.
상담자	아! 엄마와 누나 사이가 안 좋은가요?
이 일병	그게 아니라 누나는 여자고 저는 남자라서….
상담자	어떻게 보면 가족이라고 해도 좋은 기억이 있고 나쁜 기억이 있었을 거 같애. 가족 안에서. 근데 그것을 어떻게 보면 자네 가족 같은 경우는 그걸 해결할 수 있는 능력을 가지고 있는 거 같애. 가족 스스로 안에서.
이 일병	중학교 때… 아버지의 사업실패로… 누구한테 이야기한 적 없습니다. 아버지 사업실패로… 계속 독촉장 날아오고… 그런 것 때문에 스트레스 받고… 빨간 딱지 붙은 적 1번 있었고… 그 이후로 빨간 딱지 안 왔습니다.
상담자	아버지를 믿어요?
이 일병	못 믿으면 안 되지 않습니까?
상담자	그러니까 자연스럽게 믿어지는 것은 아닌데 믿음이라는 것으로 보충해 주고 그런 거네?
이 일병	네 근데 엄마는 아빠를 못 믿습니다. 저희 엄마 아빠를 못 믿습니다.

상담자	그래?
이 일병	그때 그것 가지고 엄청 싸우시고… 집 사는 것 때문에… 그렇지만 두 분이 이혼할 정도는 아닙니다.
상담자	그런데 자네한테 긍정적인 이야기를 들은 거는 처음인 거 같어. 그만큼 자네가 여유가 생긴 거 같어. 하다보면 더 문제를 어렵게 만들 수도 있지 않을까?
이 일병	(잠시 머뭇거리다가) 타 중대 생활을 했었으니까.
상담자	그래 타 중대 생활을 했으니까. 근데 자네니까 그런 기회를 한번 준 것 같다. 그리고 그 기회가 괜찮았던 것 같아. 그린캠프도 그럴 거 같다. 여기서 기회를 통해서 군대 생활을 잘 할 수 있으니까
이 일병	아…, 3달 동안 있다가… 3달 이후에 (복무)해 보라고 그럽니다.
상담자	부대에서 그러니?
이 일병	네
상담자	석 달 동안… 석 달 후에 너도 이제 남들과 훈련 똑같이 받는다. 너는 이제 훈련 제대로 못 받으면 이전보다 더 힘들게 할 거다. 그린캠프 교육 잘 받고 다음에 봅시다.

4) 진 단

1. 상담자가 볼 때 내담자의 문제는 무엇인가?

2. 문제의 원인은 무엇인가?

3. 차후 내담자는 어떻게 될 것(행동) 같은가?

4. 내담자에 대한 추후 지도계획은?

5 사례연구 "4"(복무기피, 이성, 건강, 심리적 문제)

가. 특별상황

1) 전임자로 부터 인수한 상병 이현수(가명)의 심리검사 자료

가) 군 인성검사 결과

L	F	K	Hs	D	Hy	Pd	Mf	Pa	Pt	Sc	Ma	Si
43	60	38	84	98	70	81	46	104	90	85	56	83

(1) 신뢰도 평가 : 신뢰도가 지나치게 떨어짐, F척도가 지나치게 높음. 척도1(건강염려증), 척도3(히스테리), 척도8(정신분열증)이 높게 나타난 상관관계를 볼 때 전환장애 및 신체 망상으로 보이려는 가능성이 있으며 겉으로는 사교적인 것처럼 행동하나, 피상적이고 의존욕구를 만족시켜 주지 않는 사람에게 적대감과 분노를 터트림

(2) 임상 척도 평가 : 전체적으로 수치가 높게 형성됨

(가) 척도2(우울증) : 주관적 우울감, 신체적 기능장애, 둔감성, 깊은 근심이 높음. 내용척도의 우울에서도 자기비하 및 자살사고가 높은바 부정적인 자기개념과 무능감, 우울감으로 인해 자살을 생각하거나 시도할 수 있음.

(나) 척도4(반사회성) : 사회의 가치와 기준을 자기 것으로 받아들이는데 어려움을 겪으며 사회적 소외감, 고립감을 느껴서 다른 사람들이 자신을 이해 못한다고 생각할 수 있음. 분노, 적대감, 원한을 품고 있으며 비판적, 논쟁적이며 폭발적으로 분노감을 나타내는 경향이 있어 무모한 행동을 한 뒤에는 후회하며 죄책감을 느낌

(다) 척도6(편집증) : 매우 높아서 사고장애, 피해망상, 과대망상, 관계 사고를 지닐 수 있고 부당한 대우를 받거나 괴롭힘을 당한다고 느낄 수 있으며 타인의 행동을 탓하는 방법으로 분노를 정당화 하고자 함.

(라) 척도7(강박증) : 과도한 예민성, 주의집중 곤란, 슬프고 불행한 느낌, 비관적 미래감, 불안정감, 열등감 등을 나타내지만 척도 8보다 우세한 것을 볼

때 사고나 행도의 문제와 싸우고 있는 단계로 볼 수 있음.

(마) 척도8(정신분열증) : 사회적 소외, 정서적 소외, 자아통합결여 인지적, 동기적, 억제부전, 기태적 감각 경험 등 모든 소척도가 높게 나타난 것으로 볼 때 정신병적 장애를 지닐 수 있음.

(바) 척도10(사회적 내향성) : 남들과 조화되지 않고 관계가 소원하며 이해 및 수용 받지 못한다고 생각함으로 인해 사회적 상황에서 심한 불안정감과 불편감을 느끼고 적대감과 공격적인 감정을 품고 있으나 이를 적절하게 표현하지 못해서 사회적 회피를 시도함.

나) 군 인성검사 결과해석 : 다음 장 참조

2) 전임자로부터 받은 최근 이현수 상병의 생활태도

- 부모이혼 상태이며 부친은 알코올중독으로 인한 가정폭력으로 고통을 주었고 모친은 상조회사에서 일하고 있으나 카드 빚이 많아 간병인으로도 일하고 있음.
- 초등학교 때 왕따 당하고 욕먹고 구타당하기도 했었음.
- 애인은 사귄 지 11년이 넘었으며 애인관계는 4년 정도 됨. 현재 내담자가 군복무하는데 가장 큰 영향을 준 사람이며 초창기 적극적인 군 생활을 하려다 애인이 변심하였다 생각한 후 복무부적응이 됨.
- 군 생활 중 애인과 헤어졌다 만났다를 반복했으며 휴가 중 애인과 성관계 후 성병이 발생하여 애인에게 실망함.
- 손을 다쳐서 군면제 될 줄 알았는데 입대하게 되어 힘들게 생각하며 열심히 하려고 애썼는데 모두들 내 잘못만 지적하려 하고 자기를 이해해 주지 않는다고 생각함.

MEMO

군 인성검사 결과해석

[무단 대외유출 및 업무관련자 외의 열람을 금함]

본 해석지는 성격경향을 심리학 및 통학적인 추론을 통해서 예측한 것에 지나지 않으며 개인의 성격경향 자체를 설명하는 것은 아닙니다.

주민등록번호: 950407-OOOOOOO 이름: 이현수 군번: ____________________

상대에 맞추어 행동하는 경향이 강하며, 자신의 틀에 틀어박히는 자폐적인 경향이
있어서 대인관계는 늘 소극적이며 패자 또는 Under-Dog(이기거나 성공할 가능성이 적은 약자)적인 경향이 강하다.
신랄한 자기비판과 허약하고 심약한 정신이 함께 하고 있고 무엇이나 뜻대로 되지 않는 상태로 원망, 번뇌, 절망을 되풀이하는 경향이 많으며, 분노가 자기 지향적이다.
최대의 약점은 자신의 인생에 대한 정확한 방향이 없다는 것이다. 그래서 계산하지 않은 인생, 의외의 인생을 보내기 쉬운 사람이다. 판단력, 분석력, 냉정한 계산 처리에 큰 결함이 있으나, 인간미가 있고 순박하며 좋은 사람이라는 인상을 줄 수 있다.
그러나 현실을 무시하고 계획성 없이 즉흥적이며 논리성이 부족하고 생각이 정돈되어 있지 않은 경향이 강하다. 그 때 그 때 생각난 대로 행동하므로 일관성이 없어 신뢰를 받기가 어렵다. 확실히 열등감이 강하고 주위 사람의 언동에 대하여 과민한 반응을 나타낸다. 조심스럽고 의존적이고 폐쇄적인 동기가 강하고 자기 통제를 잘하고 적응적이다. 표면적으로는 대인관계를 원만하게 끌고 나가는 것 같이 보이나 실제의 자기를 항상 억제하고 있으므로 내부에 여러 가지 문제를 숨기고 있다. 감정을 억압하고 열등감에 사로잡힌다거나 슬픔에 잠기기 쉬운 면도 있다. 또 비꼰다든지, 삐뚤어진다든가, 양심을 품는다든지 나아가서는 갑자기 화를 내버리는 경향이 많다.

검사장소/ 소속: 검사일: 출력일자:

3) 생활지도 기록부

가) 병영생활 지도를 위한 개인 신상기록

<table>
<tr><td>주특기</td><td>1611</td><td>직책(*)</td><td>야전공병</td><td rowspan="3">(사 진)</td></tr>
<tr><td>입대일</td><td>15년 0월 0일</td><td>생년월일</td><td>95.9.5(음,양)</td></tr>
<tr><td>자대
전입일</td><td>15년 0월 0일</td><td>주민등록번호</td><td>950912-
0000000</td></tr>
<tr><td>본 적</td><td colspan="2">전북 익산시 익산대로ooo-ooo</td><td>집 전 화</td><td>063)ooo-oooo</td></tr>
<tr><td>주소(*)</td><td colspan="2">전북 익산시 익산대로ooo-ooo</td><td>입 대 전
본인 연락처</td><td>063)xxx-xxxx
자가</td></tr>
<tr><td>분대장</td><td colspan="4">교육기간( ) 임명일( )</td></tr>
<tr><td>본인
E-mail</td><td colspan="4">qwer@hanmail.net 게임 I.D: ____________</td></tr>
</table>

<table>
<tr><td rowspan="9">가족/친·인척</td><td rowspan="2">관계</td><td rowspan="2">성명</td><td rowspan="2">생년월일</td><td rowspan="2">학력</td><td rowspan="2">종교</td><td rowspan="2">직장 및
직위</td><td colspan="2">연락처</td></tr>
<tr><td>핸드폰</td><td>E-mail</td></tr>
<tr><td>부</td><td>o o o</td><td>51</td><td>고졸</td><td>무교</td><td>건축업</td><td>000-0000</td><td>~@.ne</td></tr>
<tr><td>모</td><td>o o o</td><td>48</td><td>고졸</td><td>무교</td><td>상조회사 직원</td><td>000-0000</td><td></td></tr>
<tr><td>동생</td><td>o o o</td><td>21</td><td>고졸</td><td>무교</td><td>호텔서빙</td><td>000-0000</td><td>~@.net</td></tr>
<tr><td></td><td></td><td></td><td></td><td></td><td></td><td></td><td></td></tr>
<tr><td></td><td></td><td></td><td></td><td></td><td></td><td></td><td></td></tr>
<tr><td></td><td></td><td></td><td></td><td></td><td></td><td></td><td></td></tr>
<tr><td></td><td></td><td></td><td></td><td></td><td></td><td></td><td></td></tr>
<tr><td colspan="9">간부들이 병사들과 더불어 함께 아파하고, 함께 슬퍼하며, 함께 기뻐한다면 열악한 장비나 부족한 물자로도 적을 무찌를 수 있다. 적은 병력만으로도 성을 공격할 수 있다. 장애물과 참호 없이도 능히 적을 막을 수 있다.

『한국적 지휘통솔(韓國的 指揮統率)』 중에서</td></tr>
</table>

<table>
<tr><th colspan="2" rowspan="2">애 인</th><th rowspan="2">성명</th><th rowspan="2">생년월일</th><th rowspan="2">학력</th><th rowspan="2">종교</th><th rowspan="2">직장 및 직위</th><th colspan="2">연락처</th></tr>
<tr><th>핸드폰</th><th>E-mail</th></tr>
<tr><td colspan="2" rowspan="2"></td><td>ㅇ ㅇ ㅇ</td><td>19</td><td>중졸</td><td>무교</td><td>편의점 알바</td><td>000-0000</td><td>~@.net</td></tr>
<tr><td></td><td></td><td></td><td></td><td></td><td></td><td></td></tr>
<tr><th colspan="2" rowspan="3">친 구</th><td>전철호</td><td>23살</td><td>고졸</td><td>기독교</td><td>휴학중</td><td>000-0000</td><td>~@.net</td></tr>
<tr><td>이상범</td><td>23살</td><td>고졸</td><td>천주교</td><td>군 입대</td><td>000-0000</td><td>~@.net</td></tr>
<tr><td></td><td></td><td></td><td></td><td></td><td></td><td></td></tr>
<tr><th colspan="2">양친관계</th><td colspan="7">친부, 친모
기 타:</td></tr>
<tr><th colspan="2">동거부모 주소</th><td colspan="7">전북 익산시 익산대로 ooo-ooo(어머니 집)</td></tr>
<tr><th colspan="2">이혼부모 주소</th><td colspan="7">서울시 양천구 목동 ooo-ooo(아버지 집)</td></tr>
<tr><th colspan="2">가족구성</th><td colspan="7">(2남) (여) 중 (1남), (대)독자, 이복형제(명)
기 타: 장남</td></tr>
<tr><th rowspan="3">본인</th><th>주거</th><td colspan="7">부모와 동거, 분가, 기타</td></tr>
<tr><th rowspan="2">결혼 관계</th><td colspan="7">결혼(년), 동거(1년), 약혼, 미혼, 자녀수 (명)</td></tr>
<tr><td colspan="7">결혼(동거) 시 생계유지책(본인 급여 · 주유소 직원)</td></tr>
<tr><th rowspan="3">생활정도</th><th>주택</th><td colspan="3">(자가), 전세, 월세, 관사,
기타</td><td colspan="2">한옥</td><td colspan="2">건평(21),
방(2개)</td></tr>
<tr><th>월수입</th><td colspan="3">월평균 (150 만원)</td><td>부양자</td><td colspan="3">주부양자: 모친
부양자:</td></tr>
<tr><th>수입원</th><td colspan="7">(구체적으로) 부친: 건축업, 모친: 상조회사 직원,</td></tr>
<tr><td colspan="9">아아 슬프다! 그대들은 나라와 상관을 위해 자신의 본분을 다하고 장렬히 전사(戰死)했다. 그러나 나 이순신은 부하와 침식을 같이하고 등창의 종기를 빨아주던 오기(吳起)의 덕(德)을 다하지 못하였노라.

이충무공(李忠武公)의 전사자 위령제 제문</td></tr>
</table>

나) 병영생활 지도를 위한 입대 전 생활기록

구분	항목	내용	상태		
학교생활	학력	대학원 과 학년 학기	졸업, 재학, 중퇴	사유	
		대학 과 학년 학기	졸업, 재학, 중퇴		
		OO고등학교 2학년 2학기	졸업, 재학, 중퇴		가출후 자퇴
		OO중학교 3학년 2학기	졸업, 재학, 중퇴		
		OO초등학교 6학년 2학기	졸업, 재학, 중퇴		
	전공, 동아리, 취미 활동	중학교			
		고등학교			
		대학교			

개인특성		
성격 및 특성	내향적, 외향적, 사교적, 독선적 특이사항: 과격	
생활 태도	낙제, 정학, 퇴학, 장기결석80(일)	
심신장애사항	정신질환, 간질, 야뇨, 관절염, 치질, 성병, 야맹, 평발	

신체조건				입원치료기록	
신 장	체 중	혈액형		병 명	기 간
167 cm	59kg	A			
신체 등위	시 력				
3급	1.2	1.2			

항목	내용	항목	내용	항목	내용
취미	음악	특기		기호	소주(2홉), 담배(1갑) 기타 :
종교	종파: 기독교 신앙정도: 중 특이사항: 군입대 후 신앙생활	가출 사례	3개월 무단결석 80일		
처벌	장소(소년원, 교도소), 기간 : 보호관찰 2년 사회봉사 80시간 내용: 현 애인과 동거 중 폭행으로 입건				

전쟁이 있어났을 때 병을 진군시키는 방법은 다음과 같다. 간부는 엄동설한에 혼자만 외투를 걸치지 않고, 무더위에도 혼자만 부채를 들지 않으며, 비가 와도 혼자만 우산을 쓰지 않는 것이다. 전투에서 최선두에 서고, 잠자리엔 맨 나중에 들며, 병(兵)이 식사하는 것을 보고 제일 늦게 식사를 하고, 병(兵)의 방이 더워진 다음에 간부의 방을 덥게 하는 것이다.

진(秦)나라의 『태공여상(太公呂尙)』 중에서

<table>
<tr><td rowspan="4">자격증</td><td colspan="2">종 류</td><td colspan="2">취 득 일</td><td colspan="2">종 류</td><td>취득일</td></tr>
<tr><td colspan="2"></td><td></td><td></td><td colspan="2"></td><td></td></tr>
<tr><td colspan="2"></td><td></td><td></td><td colspan="2"></td><td></td></tr>
<tr><td colspan="2"></td><td></td><td></td><td colspan="2"></td><td></td></tr>
<tr><td rowspan="9">사회경력
(직장,
동아리,
활동 등)</td><td rowspan="3">근 무 지</td><td rowspan="3">기 간</td><td rowspan="3">직 책</td><td colspan="4">직장, 동료, 선 · 후배</td></tr>
<tr><td rowspan="2">성 명</td><td colspan="2">연 락 처</td><td rowspan="2">관 계</td></tr>
<tr><td>핸드폰</td><td>E-mail</td></tr>
<tr><td>주유소</td><td>3개월</td><td>판매원</td><td>이봉철</td><td>00-000</td><td></td><td>사장</td></tr>
<tr><td></td><td></td><td></td><td></td><td></td><td></td><td></td></tr>
<tr><td></td><td></td><td></td><td></td><td></td><td></td><td></td></tr>
<tr><td></td><td></td><td></td><td></td><td></td><td></td><td></td></tr>
<tr><td></td><td></td><td></td><td></td><td></td><td></td><td></td></tr>
<tr><td></td><td></td><td></td><td></td><td></td><td></td><td></td></tr>
<tr><td>전역 후
하고
싶은 일</td><td colspan="7">애인과 열심히 돈을 벌어서 잘 살고 싶다.</td></tr>
<tr><td colspan="8">예부터 훌륭한 간부는 자기 자식을 기르듯 병사를 관리했다. 병사의 어려운 일이 있으면 간부가 앞장서서 도와주고, 공로를 세우면 부하를 앞세우며, 병사가 죽으면 이를 애석해하여 엄숙히 장례를 치르고… 간부가 그렇게만 한다면 그 부대는 가는 곳마다 승리할 것이다.

촉한(蜀漢)의 제갈량(諸葛亮)의 심서(心書)</td></tr>
</table>

다) 생활지도를 위한 입대 후 병영생활기록

분야		신병교육기간	1 년 차(100일미만)	2 년 차
일상생활	성 격	소심하며 어려운 일에는 열외 의식 강함	단체생활이 힘들다 함	
	건 강	손을 다쳐 군면제 생각함	손을 다쳐 군면제 생각함	
	가 정	부친의 알코올중독, 가정폭력으로 이혼함	동생도 군입대	
	여자(친구)	동거2년, 현재 사귀고 있음	휴가 간 애인과 성관계 후 성병에 감염됨	
	금 전	통장 7만원 보관	통장 5만원 보관	
기타사항	면회			
	외출 외박			
	휴가		신병위로휴가 1차 정기휴가 실시함	
	서신 왕래	없음	없음	
상 벌		폭행으로 보호관찰 2년 사회봉사 80시간 고등학교 중퇴		
작성관(직책, 계급, 성명,군번, H/P번호)		중사 이통일	소위 양만춘	

병자호란 때 남한산성 수비장군이었던 이시백 장군은 “싸우는 군사들은 솜옷도 입지 못하고 추위에 떨고 있는데, 대장의 자리에 앉은 자가 어찌 혼자 따뜻한 가죽옷을 입을 수 있겠습니까?”라며 인조대왕이 하사한 따뜻한 월동용 가죽옷을 마다하고 평복을 입고 성루에서 병사들과 함께 기거하였다

조선시대 이시백(李時白) 장군

라) 입대 후 복무기록

※ 각급 부대는 병사들이 입대 후, 신병교육, 자대 전입으로부터 보직, 진급, 각종 상벌사항 등과 군 복무기간 동안 경험하게 되는 다양한 훈련, 경연대회, 검열, 평가 등을 6하 원칙에 의거 상세히 기록하여 유지한다.

연 월 일	주 요 복 무 내 용	기록/서명
15. O. O	· 입대 전 손을 다쳐서 군 생활이 면제될 줄 생각하고 입대하여 모든 게 피동적이고 애인을 볼 수 없어서 괴로워함 · 부모는 알코올중독과 가정폭력으로 이혼한 상태임	중사 이통일
16. O. O	· 아버지는 사업실패 후 알코올 중독 이후 가정폭력으로 결국 부모가 이혼하였음 · 고등학교 자퇴한 후 매일처럼 술에 취해 살고 방황하다폭행으로 인한 처벌, 보호관찰 2년, 사회봉사 처분을 받았다 사행성 도박으로 일하다 도박에 빠져 1,200만원 빚지고 자살하려 하다가 포기하고 열심히 일해서 빚을 갚고 나서 도박을 하지 않기로 함 · 애인을 만나 동거하게 되었는데 애인이 다른 남자와 만난다는 말을 듣고 자취방에서 애인을 폭행하고 형사입건 되었다가 풀려남.	대위 안중근
16. O. O	휴가 때 애인과 성관계 후 성병감염으로 외진, 격리조치 후 복무부적응이 심화됨	소위 양만춘
16. O. O	· 상시 그린캠프 재입소 중 너무 힘들어 목을 매는 자살시도 후 복무부적응 호소 · 모두들 면담을 했지만 훈계만 하려해 하나도 귀에는 안 들어오며 이야기를 들으면 머리가 아프고 불면증에 시달림	원사 이충성
16. O. O	· 불면증에 시달려서 잠을 제대로 잘 수 없고 늘 불안해서 손이 떨리고 입대 전 다쳤던 손도 제대로 쓸 수 없어서 불편하다고 함 · 육군 교도소에 수감될까 두렵다. 전역할 수 있도록 도와달라고 함	병영생활 전문상담관 김상담

간부가 병사를 어린아이처럼 여겨 정성으로 돌보면 병사들은 아무리 깊은 계곡(溪谷)으로 충정할지라도 간부를 따를 것이며, 병사를 사랑하는 친자식처럼 귀하게 여기면 사지(死地)라도 간부를 따라갈 것이다.

손자(孫子)의 지형편(地形篇)

나. 요구사항

귀관은 상담관으로서 상병 이현수가 가지고 있는 문제를 확인하고 도와주기 위해 상담계획을 작성하고 상담실시 후 상병 이현수의 문제해결을 위한 조치를 하시오.

※ 실습진행 요령

① 군 인성검사 해석 자료, 전임자로부터 받은 최근의 생활태도 등을 바탕으로 상담계획을 작성한다.
② 이현수 상병의 심리상태를 알아보기 위한 핵심적인 질문내용과 전체적으로 상담을 진행하고자 하는 내용을 작성한다.
③ 대화 내용을 작성하여 상담에 임하고 의자배치로부터 효과적인 상담실시를 위한 상담 기술을 적용하여 상담을 이끌어 나가고, 사후 조치까지 작성 및 토의/ 발표한다.
④ 발표 후 상호 느낀 점을 나눈다.

1) 분석 · 종합

1. 내담자를 위한 필요한 도구는 빠짐없이 준비하였는가?

2. 내담자의 인적사항

3. 내담자가 보는 자신의 문제는 무엇인가?

4. 이 문제는 언제 시작되었고, 어떻게 발전되었나?

5. 가족의 사회경제적 환경과 심리적 환경

6. 개인의 신체적 특성과 성격

7. 개인의 성장과 발육, 교육적 배경

8. 현재의 생활 상태(학업, 친구, 가정, 이성, 부대원, 동료 간의 관계)

2) 상담준비

1. 상담 장소를 선정하시오.(글로 쓰고 말로 직접 설명)

2. 상담의 분위기 조성을 위해 귀관이 하고 싶은 것은?(글로 쓰고 말로 설명)

3. 내담자의 심리적 안정을 주기 위해서 귀관은 어떤 준비를 할 것인지?
(글로 쓰고 말로 설명)

4. 상담을 위한 좌석배치는 어떻게 할 것인지 직접 의자를 배치하시오.

3) 상 담

상담자	한 주 동안 어떻게 지냈니?
이 상병	지난주보다는 조금 나은 거 같습니다. 그냥 비슷합니다.
상담자	그래 지난주보다는 확실히 표정이 좋아 보인다. 몸은 좀 어때? 괜찮아졌어?
이 상병	지금도 누우면 머리가 아프고 띵해서 잠을 잘 수가 없습니다. 허리도 쑤시고….
상담자	그렇구나! 많이 아파서 힘들겠다. 약은 계속 먹고 있는 거야? 좀 나아져야 할 텐데.
이 상병	예, 그렇습니다. 그래도 눈 감으면 무서웠던 건 많이 가셨습니다. 지난주보다는 지낼 만한 것 같습니다.
상담자	이번 주에는 어디에서… 주임원사님이랑 있었던 거지?
이 상병	예, 그렇습니다.
상담자	주임원사님이 잘해주셨어? 주임원사님이랑은 어떻게 보냈어?
이 상병	반성문 쓰고 일과 중에는 청소하고 작업도 하고 잔심부름도 하고 그렇게 보냈습니다.
상담자	그랬구나. 그래도 주임원사님이 좋은 말씀 많이 해주셨지?
이 상병	사실 이번 주나 지난주나 마찬가지인 거 같습니다. 누가 무슨 이야기를 해도 무슨 말인지 하나도 모르겠고 듣고 있으면 계속 머리만 아프고 그러다 보면 딴 생각한다고 또 혼나고 그런 부분이 많이 힘듭니다. 그래도 상담사님은 저를 혼내시지도 않고 잘 들어주셨는데 죄송합니다.
상담자	①
이 상병	예전에 비전캠프 때부터 관심 가져 주시고 신경 써주셨는데 죄송합니다.
상담자	아니야. 네가 마음 편하게 그런 이야기까지 해줄 수 있어서 다행이지 사실 주임원사님도 널 도와주시려고 그러시는 걸 텐데 네가 힘들게 느껴서 참 안타깝다. 어떤 게 제일 힘들었던 것 같니?
이 상병	반성문 쓰는 게 제일 힘듭니다. 제가 잘못한 건 알지만 그래도 매일 A4용지 한 장을 꽉 채우려면 쓸 말도 없고 뭐라고 썼는지도 잘 모르겠고 그냥 이걸 다 써야 이 상황에서 벗어나니까…. 그런데 다 쓰고 나면 했던 말 또 하고 성의 없이 썼다고 혼납니다. 반성의 기미가 보이지 않는다고….
상담자	②
이 상병	읽어보았는데 잘 들어오지 않습니다.

상담자	그렇구나! 그래도 주임원사님이랑 같이 있는 것도 곧 끝나니까… 주임원사님께 말씀드리기도 그렇고… 그래도 원하면 내가 조심스럽게 말씀드릴 수도 있고 어떻게 해주는 게 나을 거 같니?
이 상병	아닙니다. 괜히 저만 잔머리 굴린다고 혼날지도 몰라서….
상담자	하긴 그럴 수도 있겠다. 그렇지? (곧)병역심사대 간다고 들었는데….
이 상병	다음 주에 간다고 들었습니다.
상담자	그럼 어디로 가는 건가? 군사령부로 가는 거야?
이 상병	00로 가서 한 달 동안 심사받고 거기서 판정날거라고 들었습니다.
상담자	그렇구나. 가는데 떨리지는 않고?
이 상병	좀 걱정됩니다. 어떻게 될지 몰라서….
상담자	그렇구나.
이 상병	심사받고 나면 현역 부적합이나 상근예비역, 원복 중에 하나로 나올 거 같습니다.
상담자	그래도 바라는 데가 있을 텐데.
이 상병	저는 부적합이나 상근 나왔으면 좋겠는데 아무래도 원복 나올 거 같습니다.
상담자	그렇구나. 그럼 만약에 원복 나오면 대대로 가는 거야? 아니면 여단으로 오는 거야?
이 상병	제가 영창 갔다 온 다음에 여단으로 파견명령 났으니까 여단으로 올 거 같습니다.
상담자	그럼 원복나면 다시 볼 수도 있겠구나. 네가 안 바랄수도 있겠지만.
이 상병	신경 써주셔서 감사합니다. 그래도 마음은 전보다 편해졌습니다. 그런데 제가 병영심사대 가서 어떻게 해야 될지 모르겠습니다. 힘들어서 (자살시도) 그랬다고 하면 처벌받을 거 같고 아무 말 안하고 있으면 개긴다고 생각할 거 같고 뭐라고 이야기해도 사람들이 절 잘 믿어주지 않을 거 같고, 어떻게 해야 할지 모르겠습니다.
상담자	다른 사람에게 네 이야기를 들어보면 사람들이 널 오해하기 쉬운 부분이 있는 거 같아.
이 상병	어떤 부분이 그렇습니까?
상담자	나는 심리검사한 것도 같이 보고 비전캠프 때 네 인생 이야기도 듣고 그래서 네 마음에 이렇게 힘들어 하는 부분이 있나 하는걸 보고나서 이야길 들으니까 그래도 네 마음이 이해가 되고 또 나한테 솔직하게 이야기 해주니까 그렇구나 할 수 있는데 사람들이 누구나 그럴 수는 없잖아. 네가 살아온 시간동

	안 무슨 일이 있었는지 다 아는 것도 아니고.
이 상병	네 그렇습니다.
상담자	게다가 네가 힘든 일이 있거나 그럴 때 너무 거칠게 강하게 표현하니까 사람들이 '저 자식 군 생활 하기 싫으니까 저러는 거 아냐?' 생각할 수 있을 거 같어.
이 상병	저도 후회 많이 하고 있습니다.
상담자	내가 볼 때 네 마음이 진실된 거 같은데 표현이 너무 강하구나. 사람들이 이렇게 생각하면 오해받기 쉬울 거 같아.
이 상병	그럼 어떻게 하면?
상담자	③
이 상병	네 그렇습니다.
상담자	그러다 보면 이러지도 못하고 저러지도 못하고 그러다가 나중에 후회만 되고(그때 몰라준 사람들이) 원망만 되고 그렇지 않을까?
이 상병	정말 그럴 것 같습니다. 사실 사람들이 저를 이해하지도 못하는 것 같은데 이러쿵저러쿵 말하면 열받고…. 그러다 일이 터지고 나면 어떻게 해야 될지도 모르겠고, 후회만 되고 그런 것 같습니다.
상담자	④
이 상병	맞는 것 같습니다.
상담자	그래서 병역심사대 가서 어떻게 해야 하는지? 처벌받으면 어떡하지? 하지 말고 인정할 것은 솔직하게 인정하고 잘못했습니다. 그렇게 말하는 게 더 낫지 않을까 싶은데. 힘든 감정을 포장하려고 하지 말고 진실하게 말하고 진실하게 하면 어떤 결과가 나와도 후회되지 않을 거라고 난 그렇게 믿는데 내가 해줄 이야기는 이것뿐이네. 너무 고리타분한가?
이 상병	아닙니다. 말씀하신 게 맞는 거 같습니다.
상담자	그래도 확실히 표정이 밝아지고 그래서 잘할 것 같아.
이 상병	감사합니다. 저도 마음 편히 먹으려고 노력하고 있습니다. 처음에 (자살 시도 후) 왔을 때는 화장실 갈 때도 혼자서 마음대로 못 가고 만날 따라다니고 그래서 기분도 나쁘고 그랬는데 생각해 보면 그래도 다 저를 생각해 주니까 같이 다니고 그런 것 같습니다. 같이 다니면서 잘해주고 그래서 미안한 마음도 많이 듭니다.
상담자	그래 그런 마음이면 됐지. 우리 현수 정말 많이 좋아진 거 같다. (전우조) 저녁 맛있게 먹고

4) 진 단

1. 상담자가 볼 때 내담자의 문제는 무엇인가?

2. 문제의 원인은 무엇인가?

3. 차후 내담자는 어떻게 될 것(행동) 같은가?

4. 내담자에 대한 추후 지도계획은?

6 사례연구 "5"(대인관계, 행동장애, 적응문제)

가. 특별상황

1) 전임자로 부터 인수한 이병 이의무의 심리검사 자료

가) 군 인성검사 결과

L	F	K	Hs	D	Hy	Pd	Mf	Pa	Pt	Sc	Ma	Si
50	42	38	48	86	45	54	57	73	79	61	46	78

(1) 신뢰도 평가 : 신뢰도가 보통 이상인 프로파일임, 척도 2, 6, 7, 10이 높음

(2) 임상척도 평가

(가) 척도2(우울증) : 우울하고 슬프고 울적하고 불행하고 즐거움을 못 느끼는 상태이며 우울증 증세임. 신체적 불평, 수면곤란, 악몽, 쇠약감, 피로감, 활력상실을 보고하며 자기자신을 비하하며 죄책감을 느끼며 의사결정을 내리는 것이 힘들다. 불안정을 느끼며 자신감이 부족하고 무기력하게 행동하며 쉽게 포기한다.

(나) 척도6(편집증) : 분명한 정신병적 행동을 드러낼 수 있으며 사고장애, 피해망상, 관계사고를 지니고 있을 수 있다. 임상장면에서 흔히 정신분열증이나 편집증 진단을 받는다. 의심이 많고 적개심이 심하고 매우 예민하며 대개 이러한 증상들을 말로 표출함. 사고장애가 쉽게 드러날 수도 있음. 사고장애, 피해망상, 과대망상, 관계망상을 가지고 있으며 분노와 적개심을 보임.

(다) 척도7(강박증) : 심리적 혼란과 불편감을 겪고 있으며 불안하고 긴장하고 초조해한다. 걱정이 많고 두려워하여 혹시 무슨 일이 일어나지 않을까 미리 염려한다. 강박사고 강박행동이나 의례행동, 반추사고를 지니고 있다. 불안정감과 열등감을 느끼며 목표에 도달하지 못하면 우울해 하며 죄책감을 느낀다. 의사결정을 내릴 때 곤란을 겪으며 스트레스에 잘 대처하지 못한다.

(라) 척도10(내향성) : 사회적으로 내향적이며 사회적인 상황에서 심한 불안정

감과 불편감을 느낀다. 수줍음이 많고 마음을 터놓지 않고 소심하고 앞에 나서지 않으려 삼가는 경향이 있다. 대인관계에서 수동적이고 복종적이며 걱정이 많고 불안해하는 경향이 있다.

나) 군 인성검사 결과해석 : 다음 장 참조

2) 전임자로부터 받은 최근 이의무 이병의 생활태도

- 심각한 대인기피증으로 인한 불안감이 있음.
- 부대사람들이 잘해주지만 그것을 오히려 부담으로 여기며 더 잘해야 한다는 압박감과 강박증이 있는 상태임.
- 부대에서 도움, 배려가 필요한 병사로 특별관리하고 있지만 내담자는 그러한 관심에 고마워하지만 한편으로는 부담스러워 하고 있음.
- 군 생활을 잘해내고 싶은 마음과 그렇게 따라주지 않는 자신의 모습에서 많은 갈등을 느낌.
- 부대 변경 없이 군 생활 마치기를 희망함.
- 사람에 대한 두려움을 호소함.

군 인성검사 결과해석

[무단 대외유출 및 업무관련자 외의 열람을 금함]

본 해석지는 성격경향을 심리학 및 통학적인 추론을 통해서 예측한 것에 지나지 않으며 개인의 성격경향 자체를 설명하는 것은 아닙니다.

주민등록번호: 960407-OOOOOOO 이름: 이의무 군번: ____________________

불안하고 초조하고 긴장된 모습을 드러내며 지나치게 걱정을 많이 하며 실제의 가상 위협에 취약하다. 어떤 일이 일어나기도 전에 미리 염려하는 경향이 있으며 사소한 스트레스에도 과도하게 반응하는 편이다.
강박사고와 강박행동을 보고하며 다소 모호한 양상의 피로감, 피곤감, 소진감 등을 보고한다. 그들은 말하는 속도가 느리며 말을 할 때 머뭇거리고 주저한다. 걱정이 너무 많고 실제적, 상상적 위협에 약하여 문제가 생기기도 전에 그것을 예상하고 사소한 스트레스에도 과민반응을 나타낸다. 세상사 일반에 대하여 지극히 비관적이고 자신의 문제 해결 능력에 대해서는 더욱 그러하며 어떤 문제에 대하여 장기간 심사숙고하는 습성이 있다. 성취동기가 강하고 자신이 성취한 일에 대하여 인정받기를 매우 원한다. 자신에 대하여 높은 기대를 가지고 있으며 객관적으로는 훌륭하게 성취했음에도 불구하고 설정한 목표에 미달했을 때에 강박적이고 집착하며 죄책감을 느낀다.
내향적인 기질을 지니며 경미하나 만성적이고 성격적인 우울경향을 보인다. 사회적 상황에서의 부적절감, 수줍음, 사회적 상황에서의 고립, 사회적 기술의 부족, 수동성 감정억제가 심하다. 자기통제적이며 감정을 억압하며 타인 중심적인 조심스러운 태도를 지닌다. 매사에 조심스럽고 이런저런 생각과 계산을 많이 하며 예의를 지키려고 노력한다. 자신 및 타인의 생각과 행동에 대하여 여러 가지 생각이 많고 판단하려고 하며 진실된 감정에 대해서는 참아버리는 수가 있다. 자신감이 약간 부족하고 약간의 열등감을 가지고 있다. 사람들 앞에서 자신을 드러내는 것을 불편해 한다. 타인해 대해서는 우호적이고 긍정적인 태도를 가지고 있으며 원만한 관계를 맺어나간다.

검사장소/ 소속: 검사일: 출력일자:

3) 생활지도 기록부

가) 병영생활 지도를 위한 개인 신상기록

<table>
<tr><td>주특기</td><td>4111</td><td>직책(*)</td><td>의무</td><td rowspan="3">(사 진)</td></tr>
<tr><td>입대일</td><td>16년 0월 0일</td><td>생년월일</td><td>95.9.5(음,㉮양)</td></tr>
<tr><td>자대
전입일</td><td>16년 0월 0일</td><td>주민등록번호</td><td>960912-
0000000</td></tr>
<tr><td>본 적</td><td colspan="2">충남 청양군 화성면ooo-ooo</td><td>집 전 화</td><td>041)ooo-oooo</td></tr>
<tr><td>주소(*)</td><td colspan="2">충남 청양군 화성면ooo-ooo</td><td>입 대 전
본인 연락처</td><td>041)xxx-xxxx
자가</td></tr>
<tr><td>분대장</td><td colspan="4">교육기간( ) 임명일( )</td></tr>
<tr><td>본인
E-mail</td><td colspan="4">qwer@hanmail.net 게임 I.D: ____________________</td></tr>
</table>

<table>
<tr><td rowspan="9">가족/친·인척</td><td rowspan="2">관계</td><td rowspan="2">성명</td><td rowspan="2">생년월일</td><td rowspan="2">학력</td><td rowspan="2">종교</td><td rowspan="2">직장 및
직위</td><td colspan="2">연락처</td></tr>
<tr><td>핸드폰</td><td>E-mail</td></tr>
<tr><td>부</td><td>o o o</td><td>48</td><td>고졸</td><td>무교</td><td>응급실계약직</td><td>000-0000</td><td>~@.ne</td></tr>
<tr><td>모</td><td>o o o</td><td>48</td><td>고졸</td><td>무교</td><td>안마사</td><td>000-0000</td><td></td></tr>
<tr><td>동생</td><td>o o o</td><td>20</td><td>고졸</td><td>무교</td><td>대학생</td><td>000-0000</td><td>~@.net</td></tr>
<tr><td></td><td></td><td></td><td></td><td></td><td></td><td></td><td></td></tr>
<tr><td></td><td></td><td></td><td></td><td></td><td></td><td></td><td></td></tr>
<tr><td></td><td></td><td></td><td></td><td></td><td></td><td></td><td></td></tr>
<tr><td></td><td></td><td></td><td></td><td></td><td></td><td></td><td></td></tr>
</table>

간부들이 병사들과 더불어 함께 아파하고, 함께 슬퍼하며, 함께 기뻐한다면 열악한 장비나 부족한 물자로도 적을 무찌를 수 있다. 적은 병력만으로도 성을 공격할 수 있다. 장애물과 참호 없이도 능히 적을 막을 수 있다.

『한국적 지휘통솔(韓國的 指揮統率)』 중에서

<table>
<tr><td rowspan="4">애 인</td><td rowspan="2">성명</td><td rowspan="2">생년월일</td><td rowspan="2">학력</td><td rowspan="2">종교</td><td rowspan="2">직장 및 직위</td><td colspan="2">연락처</td></tr>
<tr><td>핸드폰</td><td>E-mail</td></tr>
<tr><td></td><td></td><td></td><td></td><td></td><td></td><td></td></tr>
<tr><td></td><td></td><td></td><td></td><td></td><td></td><td></td></tr>
<tr><td rowspan="3">친 구</td><td>민병호</td><td>23살</td><td>고졸</td><td>무교</td><td>휴학중</td><td>000-0000</td><td>~@.net</td></tr>
<tr><td>이민우</td><td>23살</td><td>고졸</td><td>불교</td><td>군 입대</td><td>000-0000</td><td>~@.net</td></tr>
<tr><td></td><td></td><td></td><td></td><td></td><td></td><td></td></tr>
<tr><td>양친관계</td><td colspan="7">친부, 친모
기 타:</td></tr>
<tr><td>동거부모 주소</td><td colspan="7">충남 청양군 화성면 ooo-ooo(어머니 집)</td></tr>
<tr><td>이혼부모 주소</td><td colspan="7"></td></tr>
<tr><td>가족구성</td><td colspan="7">(2남) (여) 중 (1남), (대)독자, 이복형제(명)
기 타: 장남</td></tr>
<tr><td rowspan="3">본인</td><td>주거</td><td colspan="6">부모와 동거, 분가, 기타</td></tr>
<tr><td rowspan="2">결혼 관계</td><td colspan="6">결혼(년), 동거(년), 약혼, 미혼, 자녀수 (명)</td></tr>
<tr><td colspan="6">결혼(동거) 시 생계유지책</td></tr>
<tr><td rowspan="3">생활정도</td><td>주택</td><td colspan="2">(자가), 전세, 월세, 관사,
기타</td><td colspan="2">한옥</td><td colspan="2">건평(30),
방(3개)</td></tr>
<tr><td>월수입</td><td colspan="2">월평균 (130 만원)</td><td>부양자</td><td colspan="3">주부양자: 부친
부양자:</td></tr>
<tr><td>수입원</td><td colspan="6">(구체적으로) 부친: 응급실(80만), 모친: 안마사(50만)</td></tr>
<tr><td colspan="8">아아 슬프다! 그대들은 나라와 상관을 위해 자신의 본분을 다하고 장렬히 전사(戰死)했다. 그러나 나 이순신은 부하와 침식을 같이하고 등창의 종기를 빨아주던 오기(吳起)의 덕(德)을 다하지 못하였노라.

이충무공(李忠武公)의 전사자 위령제 제문</td></tr>
</table>

나) 병영생활 지도를 위한 입대 전 생활기록

<table>
<tr><td rowspan="8">학교생활</td><td rowspan="5">학력</td><td colspan="3">대학원 과 학년 학기</td><td colspan="2">졸업, 재학, 중퇴</td><td rowspan="5">사유</td><td></td></tr>
<tr><td colspan="3">대학 과 학년 학기</td><td colspan="2">졸업, 재학, 중퇴</td><td></td></tr>
<tr><td colspan="3">OO고등학교 3학년 2학기</td><td colspan="2">졸업,재학,중퇴</td><td></td></tr>
<tr><td colspan="3">OO중학교 3학년 2학기</td><td colspan="2">졸업,재학,중퇴</td><td></td></tr>
<tr><td colspan="3">OO초등학교 6학년 2학기</td><td colspan="2">졸업,재학,중퇴</td><td></td></tr>
<tr><td rowspan="3">전공, 동아리, 취미 활동</td><td>중학교</td><td colspan="6"></td></tr>
<tr><td>고등학교</td><td colspan="6"></td></tr>
<tr><td>대학교</td><td colspan="6"></td></tr>
<tr><td rowspan="13">개인특성</td><td colspan="2">성격 및 특성</td><td colspan="6">내향적, 외향적, 사교적, 독선적
특이사항:</td></tr>
<tr><td colspan="2">생활 태도</td><td colspan="6">낙제, 정학, 퇴학, 장기결석 (일)</td></tr>
<tr><td rowspan="6">신체 조건</td><td rowspan="2">신 장</td><td rowspan="2">체 중</td><td rowspan="2" colspan="2">혈액형</td><td colspan="3">입 원 치 료 기 록</td></tr>
<tr><td>병 명</td><td colspan="2">기 간</td></tr>
<tr><td>168 cm</td><td>61kg</td><td colspan="2">A</td><td></td><td colspan="2"></td></tr>
<tr><td>신체 등위</td><td colspan="3">시 력</td><td></td><td colspan="2"></td></tr>
<tr><td>3급</td><td>1.5</td><td colspan="2">1.5</td><td></td><td colspan="2"></td></tr>
<tr><td colspan="2">심신장애사항</td><td colspan="6">정신질환, 간질, 야뇨, 관절염, 치질, 성병, 야맹, 평발</td></tr>
<tr><td>취미</td><td>독서, 음악감상</td><td>특기</td><td colspan="2"></td><td>기호</td><td colspan="2">소주(2홉), 담배(갑)
기타 :</td></tr>
<tr><td>종교</td><td colspan="4">종파: 기독교
신앙정도: 중
특이사항: 군입대후 신앙생활</td><td>가출 사례</td><td colspan="2"></td></tr>
<tr><td>처벌</td><td colspan="7">장소(소년원, 교도소), 기간 :
내용:</td></tr>
<tr><td colspan="9">전쟁이 있어났을 때 병을 진군시키는 방법은 다음과 같다. 간부는 엄동설한에 혼자만 외투를 걸치지 않고, 무더위에도 혼자만 부채를 들지 않으며, 비가 와도 혼자만 우산을 쓰지 않는 것이다. 전투에서 최선두에 서고, 잠자리엔 맨 나중에 들며, 병(兵)이 식사하는 것을 보고 제일 늦게 식사를 하고, 병(兵)의 방이 더워진 다음에 간부의 방을 덥게 하는 것이다.

진(秦)나라의 『태공여상(太公呂尙)』 중에서</td></tr>
</table>

<table>
<tr><th rowspan="4">자격증</th><th colspan="2">종 류</th><th colspan="2">취 득 일</th><th colspan="2">종 류</th><th>취득일</th></tr>
<tr><td colspan="2"></td><td></td><td></td><td colspan="2"></td><td></td></tr>
<tr><td colspan="2"></td><td></td><td></td><td colspan="2"></td><td></td></tr>
<tr><td colspan="2"></td><td></td><td></td><td colspan="2"></td><td></td></tr>
<tr><th rowspan="9">사회경력
(직장,
동아리,
활동 등)</th><th rowspan="3">근 무 지</th><th rowspan="3">기 간</th><th rowspan="3">직 책</th><th colspan="4">직장, 동료, 선 · 후배</th></tr>
<tr><th rowspan="2">성 명</th><th colspan="2">연 락 처</th><th rowspan="2">관 계</th></tr>
<tr><th>핸드폰</th><th>E-mail</th></tr>
<tr><td></td><td></td><td></td><td></td><td></td><td></td><td></td></tr>
<tr><td></td><td></td><td></td><td></td><td></td><td></td><td></td></tr>
<tr><td></td><td></td><td></td><td></td><td></td><td></td><td></td></tr>
<tr><td></td><td></td><td></td><td></td><td></td><td></td><td></td></tr>
<tr><td></td><td></td><td></td><td></td><td></td><td></td><td></td></tr>
<tr><td></td><td></td><td></td><td></td><td></td><td></td><td></td></tr>
<tr><th>전역 후
하고
싶은 일</th><td colspan="7">주변사람들과 어울려 편안하게 살고 싶다.</td></tr>
<tr><td colspan="8">예부터 훌륭한 간부는 자기 자식을 기르듯 병사를 관리했다. 병사의 어려운 일이 있으면 간부가 앞장서서 도와주고, 공로를 세우면 부하를 앞세우며, 병사가 죽으면 이를 애석해하여 엄숙히 장례를 치르고… 간부가 그렇게만 한다면 그 부대는 가는 곳마다 승리할 것이다.

촉한(蜀漢)의 제갈량(諸葛亮)의 심서(心書)</td></tr>
</table>

다) 생활지도를 위한 입대 후 병영생활기록

분야		신병교육기간	1 년 차	2 년 차
일상생활	성 격	소심하며 어려운 일에는 열외 의식 강함		
	건 강	우울증으로 감기약복용으로 자살기도함(30알)	비전캠프입소 1회 그린캠프입소 2회(6주) 우울증약 복용중	
	가 정	부친80만, 모친50만원으로 할아버지까지 생활하여 형편이 어려움	우울증약 복용중	
	여자(친구)			
	금 전	통장 3만원 보관	통장 5만원 보관	
기타사항	면회			
	외출 외박			
	휴가			
	서신 왕래	없음		
상 벌				
작성관 (직책, 계급, 성명,군번, H/P번호)		중사 이기백	소위 권율	

병자호란 때 남한산성 수비장군이었던 이시백 장군은 "싸우는 군사들은 솜옷도 입지 못하고 추위에 떨고 있는데, 대장의 자리에 앉은 자가 어찌 혼자 따뜻한 가죽옷을 입을 수 있겠습니까?"라며 인조대왕이 하사한 따뜻한 월동용 가죽옷을 마다하고 평복을 입고 성루에서 병사들과 함께 기거하였다

조선시대 이시백(李時白) 장군

라) 입대 후 복무기록

※ 각급 부대는 병사들이 입대 후, 신병교육, 자대 전입으로부터 보직, 진급, 각종 상벌사항 등과 군 복무기간 동안 경험하게 되는 다양한 훈련, 경연대회, 검열, 평가 등을 6하 원칙에 의거 상세히 기록하여 유지한다.

연 월 일	주 요 복 무 내 용	기록/서명
16. O. O	· 부친이 중학교 때 직장을 그만두고 집에서 쉬면서 부친과 관계가 악화되었으며 이때부터 대인기피 증세를 보임 · 할아버지는 할머니와 20년째 별거중임 · 부친이 응급실 계약직이고 모친은 안마사이나 거의 수입이 없어 가정형편이 어려움(월수 130만) · 어머니의 유방암 수술로 건강은 이상 없으나 걱정함	중사 이기백
16. O. O	· 신인성검사결과 우울증으로 판명됨 · 일반병원 1회, 군병원 3회의 우울증 진료를 받았으며 우울증약을 복용중임(6개월 복용예정) · 우울증약을 복용하면서 환청 증상이 나타나 힘들어함 (군의관은 우울증약을 복용하면 나타나는 현상이라 함)	대위 안중근
16. O. O	감기약 30정을 복용하고 충동적으로 자살을 시도했으나 미수에 그치고 이 일에 대하여 후회하고 있음.	소위 권 율
16. O. O	상시 그린캠프나 비전캠프 입소 중에는 환청현상이 나타나지 않으나 부대로 돌아오면 다시 나타나고 있음	원사 이충성
16. O. O	· 심각한 대인기피증으로 인한 불안감이 있음 · 군 생활을 잘해내고 싶은 마음과 그렇게 따라주지 않는 자기 자신의 모습에서 많은 갈등을 느낌 · 부대 변경 없이 군 생활 마치기를 희망함 · 사람에 대한 두려움을 호소함	병영생활 전문상담관 김상담

간부가 병사를 어린아이처럼 여겨 정성으로 돌보면 병사들은 아무리 깊은 계곡(溪谷)으로 충정할지라도 간부를 따를 것이며, 병사를 사랑하는 친자식처럼 귀하게 여기면 사지(死地)라도 간부를 따라갈 것이다.

손자(孫子)의 지형편(地形篇)

나. 요구사항

귀관은 상담관으로서 이병 이의무가 가지고 있는 문제를 확인하고 도와주기 위해 상담계획을 작성하고 상담실시 후 이병 이의무의 문제해결을 위한 조치를 하시오.

※ 실습진행 요령

① 군 인성검사 해석 자료, 전임자로부터 받은 최근의 생활태도 등을 바탕으로 상담계획을 작성한다. ② 이의무 이병의 심리상태를 알아보기 위한 핵심적인 질문내용과 전체적으로 상담을 진행하고자 하는 내용을 작성한다. ③ 대화 내용을 작성하여 상담에 임하고 의자배치로부터 효과적인 상담실시를 위한 상담 기술을 적용하여 상담을 이끌어 나가고, 사후 조치까지 작성 및 토의/ 발표한다. ④ 발표 후 상호 느낀 점을 나눈다.

1) 분석 · 종합

1. 내담자를 위한 필요한 도구는 빠짐없이 준비하였는가?

2. 내담자의 인적사항

3. 내담자가 보는 자신의 문제는 무엇인가?

4. 이 문제는 언제 시작되었고, 어떻게 발전되었나?

5. 가족의 사회경제적 환경과 심리적 환경

6. 개인의 신체적 특성과 성격

7. 개인의 성장과 발육, 교육적 배경

8. 현재의 생활 상태(학업, 친구, 가정, 이성, 부대원, 동료 간의 관계)

2) 상담준비

1. 상담 장소를 선정하시오.(글로 쓰고 말로 직접 설명)

2. 상담의 분위기 조성을 위해 귀관이 하고 싶은 것은?(글로 쓰고 말로 설명)

3. 내담자의 심리적 안정을 주기 위해서 귀관은 어떤 준비를 할 것인지?
(글로 쓰고 말로 설명)

4. 상담을 위한 좌석배치는 어떻게 할 것인지 직접 의자를 배치하시오.

3) 상 담

상담자	○○야 오래간만이야 잘 보냈니?
이 이병	아 예. 잘 지내고 있습니다.
상담자	우선은 먹으세요. 우리 먹으면서 이야기하자.
이 이병	네.
상담자	요새 부대는 많이 바쁘다고 생각하지 않았니?
이 이병	네 요즈음은 한가다고 생각합니다.
상담자	지난번 체육대회이후로 별일 없잖아?
이 이병	예, 그렇습니다.
상담자	저번 체육대회 때 만나서 이야기한 거 생각해 보았어?
이 이병	네, 여기 있는 게 좋을 것 같습니다.
상담자	잘 생각했다. 심사숙고해서 결정한 만큼 잘 해내리라 믿고 혹시 문제 있으면 언제든지 나한테 이야기하렴. 근데 환청증세는 좀 어떠니? 좀 괜찮아졌니?
이 이병	아닙니다. 더 심해진 것 같습니다 잠들려고 하면 계속 들립니다. 제가 말하는 거에 깨어납니다.
상담자	흠… 진짜 심해졌구나. 취침하고 나서 정확히 언제쯤 그러니? 그리고 환청이 들리고 나면 기분은 어떠니?
이 상병	잠들락 말락 할 때 들립니다. 그리고 최소 하루 한 번씩은 일어나고 평범한 이야기가 들립니다. 기분은 생각해 본 적 없습니다.
상담자	그렇다면 의무가 그러는 것을 주변에서 들은 사람이 있겠지?
이 이병	예. 그런 거 같은데 들었다고 저한테 말해주는 사람은 없습니다.
상담자	그렇다면 왜 이야기를 안 하는 걸까? 생활관 사람들이 의무를 그래도 많이 생각하고 배려해 주네.
이 이병	네 그런 거 같고 요즈음 사람들은 다 좋습니다.
상담자	요즈음 의무실에 근무하는데 힘든 거는 없구?
이 이병	전체적으로 부대일이나 업무로 힘든 거는 없는데 약을 복용하면서 부작용이 있습니다. 손이 떨어져 나가는 것 같은 느낌이 들고 비현실감이라고 약 끊기 전까지 계속 있다고 합니다.
상담자	어떤 부작용들인데?.
이 이병	이렇게 손이 있는데 손이 떨어져 나가는 것 같고 가만히 있으면 계속 손에 뭔가 들고 있는 듯한 묵직한 느낌이 나면서 제몸이 유체이탈과 같은 느낌이 하루 3~4번 정도 나타납니다.

상담자	아 그래? 군의관이 이약을 복용할 때 나타나는 증상이라고 말한 거지? 그럼 혹시 이 약을 끊어보고 싶은 생각은 안 드니?
이 이병	이 약을 6개월 먹어야 효과들 보는데 지금 끊으면 모든 효과들이 없어지기 때문에 끊고 싶지는 않습니다.
상담자	그럼 지금은 좀 힘들지만 어떡해서든지 이약을 복용하고 싶다는 거고 요즘 힘든 거는 이 약 때문에 나타나는 증상들 때문에 힘들다는 거지?
이 이병	네.
상담자	지난번 약 먹고 실수할 때가 정확히 언제였었지?
이 이병	약 한 달 정도 되었던 거 같습니다.
상담자	그 사건 이후로 본인이 가장 많이 변한 게 어떤 게 있을까?
이 이병	일단 내가 실수를 했고 장애인들 도와주면서 많이 깨닫게 된 거 같습니다. 그리고 요즈음 아버지가 보내준 내성적인 성격을 가진 사람들에 관한 책들이 있는데 그 책들이 도움이 많이 됩니다.
상담자	현재 상황에서는 어떤 생각이 들어?
이 이병	처음에는 내성적인 성격이 나쁠 거라고 해서 바꾸려고 했는데 그 성격이 나쁜 것이나 틀린 것이 아니라 다른 것이기 때문에 생각을 다르게 먹고 편하게 있습니다.
상담자	① 요즈음 제일 재미있는 게 뭐니?
이 이병	그냥 의무대에 혼자 있는 게 좋습니다.
상담자	그럼 하나 물어보자 의무는 하루에 몇 명이랑 무슨 대화하니?
이 이병	다섯 명 정도이고 거의 사적인 이야기는 하지 않고 업무이야기만 합니다.
상담자	흠 그렇구나. 의무는 본인스스로 생각할 때 나의 내향적인 성격 때문에 다른 사람들과 지내는 게 힘들다고 이야기 했잖아. 그렇다면 이 상황에서 문제점을 해결하기 위해서 본인 스스로 해결방법을 제시한다면 어떤 것을 이야기 해 줄 수 있을까?
이 이병	이게 그냥 말도 안 되는 생각이기는 한데 한 명 한 명 친해지면 나중에 다 친해지지 않을까 싶습니다.
상담자	②
상담자	참 어제 대화하면서 오늘 하고 싶은 이야기가 있다고 했지?
이 이병	그 현역 부적합심사 때문에 그렇습니다.
상담자	예전에 이야기한 대로 여전히 군 생활 끝까지 하고 싶은 거 맞지?

이 이병	네 군 생활 꼭 제대로 마치고 싶습니다.
상담자	③
이 이병	네.
상담자	걱정하고 신경 쓰면 쓸수록 심적으로 더 힘들어질 수 있을 거야. 그런 심사대상이 아니라는 것을 의무가 달라진 군 생활을 통하여 보여줬으면 좋겠어. 멋있게 말이야 그래서 사람들이 "어? 의무가 왜 심사대상이야? 지금 잘 지내는데…" 이런 이야기를 들을 수 있게 열심히 해보자.
이 이병	네, 감사합니다.

4) 진 단

1. 상담자가 볼 때 내담자의 문제는 무엇인가?

2. 문제의 원인은 무엇인가?

3. 차후 내담자는 어떻게 될 것(행동) 같은가?

4. 내담자에 대한 추후 지도계획은?

7 사례연구 "6"(성격, 가정문제)

가. 특별상황

1) 전임자로 부터 인수한 이병 이행정(가명)의 심리검사 자료

가) 군 인성검사 결과

L	F	K	Hs	D	Hy	Pd	Mf	Pa	Pt	Sc	Ma	Si
57	54	48	64	88	74	57	53	56	79	66	42	85

(1) 신뢰도 평가 : 신뢰도가 있는 프로파일임, 척도 2, 6, 7, 10이 높음

(2) 임상 척도 평가

(가) 척도2(우울증) : 의미 있는 수준으로 높게 나타나고 있는 것으로 보아 우울증상을 보이고 있다.

(나) 척도3(히스테리) : 권태기와 무력감을 보이고 있으며 마음이 불편하며 건강이 좋지 않다고 호소할 수 있다. 스트레스를 받으면 신체적인 증상을 나타낼 수 있다. 상기 인원의 심장질환이 있다고 호소하는 것과 연관이 있을 수 있다.

(다) 척도7(강박증) : 불안감과 긴장감, 초조감을 느끼고 있다고 볼 수 있다. 걱정이 많고 두려워하며 염려가 많은 경향이 보인다.

(라) 척도10(내향성) : 사회적으로 내향적이며 공동체 생활에서 심한 불안정감과 불편감을 느낀다.

나) 군 인성검사 결과 해석

군 인성검사 결과해석

[무단 대외유출 및 업무관련자 외의 열람을 금함]

본 해석지는 성격경향을 심리학 및 통학적인 추론을 통해서 예측한 것에 지나지 않으며 개인의 성격경향 자체를 설명하는 것은 아닙니다.

주민등록번호: 960407-OOOOOOO 이름: 이행정 군번: ____________________

점액질과 우울질의 성향을 보이고 있습니다. 또한 자존감 수치가 매우 낮은 것으로 나타났는데 이러한 경우 신경질적이고 수치심을 잘 느끼며 용서하는데 어려움을 겪을 수 있습니다 또한 염세적이라서 자해의 위험이 있을 수 있고 부정적인 상상을 주로 하는 것으로 볼 수 있습니다. 감정적인 교류가 서툴러서 친구도 없으며 친밀한 관계가 될 것 같아도 불안한 감정에 싸여 자기 쪽에서 상대방을 피해버리는 성향을 보이고 있습니다. 그 결과 고립되어 혼자 쓸쓸함과 슬픔을 느끼게 되는 행동패턴을 보일 수 있습니다.

자신을 희생하고서라도 타인과의 관계를 잘하려고 하기 때문에 자신의 감정을 자유로이 표현하지 못합니다. 타인에 대해 너무 신경을 써서 말투도 공손하고 자기주장도 별로 없습니다. 그러나 마음속에는 진정한 자기를 억압하고 있으므로 욕구불만이 축적되어 가는 경향이 많습니다. 그래서 표면적으로는 잘 적응하고 있지만 속으로는 고통과 피곤함을 느끼게 되는 모순된 상태로 있을 수가 있습니다. 열등감이 강하고 주위 사람들의 언동에 대하여 과민한 반응을 나타냅니다. 권력이나 권위자 앞에서 무엇보다 약하고 적개심이 있어도 숨겨 버리고 자신이 말하고 싶은 것도 삼켜버립니다. 싫으면서도 남이 하라는 대로 하기 쉬워서 불평불만이나 스트레스가 계속 쌓이기 쉽습니다.

검사장소/ 소속: 검사일: 출력일자:

2) 전임자로부터 받은 최근 이행정 이별의 생활태도

- 부친은 계부로 내담자가 중1 때 재혼함(장애5급)
- 계부는 잘해주며 내담자가 인명사고를 일으켰을 때 합의금 5천만원을 해결해 줌.
- 모친은 장애6급이며 오른팔 장애로 평생 직업을 가져본 적이 없음, 현재 계부와는 자녀가 없으며 계부의 딸을 매우 이뻐 함.
- 친아버지는 장애인 어머니와의 결혼생활을 불만족스럽게 생각하여 자주 엄마를 폭행하여 현재는 일체 얼굴을 안 봄.

MEMO

3) 생활지도 기록부

가) 병영생활 지도를 위한 개인 신상기록

주특기	3111	직책(*)	행정	(사 진)
입대일	16년 O월 O일	생년월일	96.11.5(음,㉵)	
자대 전입일	16년 O월 O일	주민등록번호	960912-OOOOOOO	
본 적	충북 옥천군 보은면ooo-ooo		집 전 화	043)ooo-oooo
주소(*)	충남 옥천군 보은면ooo-ooo		입 대 전 본인 연락처	043)xxx-xxxx 자가
분대장	교육기간( ) 임명일( )			
본인 E-mail	qetu@hanmail.net 게임 I.D: ______________			

가족/친·인척	관계	성명	생년월일	학력	종교	직장 및 직위	연락처	
							핸드폰	E-mail
	부	o o o	60	중졸	무교	장애인협회장	000-0000	~@.ne
	모	o o o	48	무학	무교	전업주부	000-0000	
	누나	o o o	27	대졸	무교	초등교사	000-0000	~@.net

간부들이 병사들과 더불어 함께 아파하고, 함께 슬퍼하며, 함께 기뻐한다면 열악한 장비나 부족한 물자로도 적을 무찌를 수 있다. 적은 병력만으로도 성을 공격할 수 있다. 장애물과 참호 없이도 능히 적을 막을 수 있다.

「한국적 지휘통솔(韓國的 指揮統率)」 중에서

<table>
<tr><td colspan="2" rowspan="4">애 인</td><td rowspan="2">성명</td><td rowspan="2">생년월일</td><td rowspan="2">학력</td><td rowspan="2">종교</td><td rowspan="2">직장 및 직위</td><td colspan="2">연락처</td></tr>
<tr><td>핸드폰</td><td>E-mail</td></tr>
<tr><td></td><td></td><td></td><td></td><td></td><td></td><td></td></tr>
<tr><td></td><td></td><td></td><td></td><td></td><td></td><td></td></tr>
<tr><td colspan="2" rowspan="3">친 구</td><td></td><td></td><td></td><td></td><td></td><td></td><td></td></tr>
<tr><td></td><td></td><td></td><td></td><td></td><td></td><td></td></tr>
<tr><td></td><td></td><td></td><td></td><td></td><td></td><td></td></tr>
<tr><td colspan="2">양친관계</td><td colspan="7">계부, 친모
기 타: 계부와의 사이에 자녀는 없음</td></tr>
<tr><td colspan="2">동거부모 주소</td><td colspan="7">충남 옥천군 보은면 ooo-ooo(아버지 집)</td></tr>
<tr><td colspan="2">이혼부모 주소</td><td colspan="7">친부는 어디 살고 있는지 모름</td></tr>
<tr><td colspan="2">가족구성</td><td colspan="7">(1남) (1여) 중 (1남), (대)독자, 이복형제(명)
기 타:</td></tr>
<tr><td rowspan="3">본인</td><td>주거</td><td colspan="7">부모와 동거, 분가, 기타</td></tr>
<tr><td rowspan="2">결혼 관계</td><td colspan="7">결혼(년), 동거(1년), 약혼, 미혼, 자녀수 (명)</td></tr>
<tr><td colspan="7">결혼(동거) 시 생계유지책</td></tr>
<tr><td rowspan="3">생활정도</td><td>주택</td><td colspan="3">자가, 전세, 월세, 관사,
기타</td><td colspan="2">한옥</td><td colspan="2">건평(22),
방(3개)</td></tr>
<tr><td>월수입</td><td colspan="3">월평균 (200 만원)</td><td>부양자</td><td colspan="3">주부양자: 부친
부양자:</td></tr>
<tr><td>수입원</td><td colspan="7">(구체적으로) 부친: 장애인협회장(200만), 모친: 전업주부(직업 없음)</td></tr>
<tr><td colspan="9">아아 슬프다! 그대들은 나라와 상관을 위해 자신의 본분을 다하고 장렬히 전사(戰死)했다. 그러나 나 이순신은 부하와 침식을 같이하고 등창의 종기를 빨아주던 오기(吳起)의 덕(德)을 다하지 못하였노라.

이충무공(李忠武公)의 전사자 위령제 제문</td></tr>
</table>

나) 병영생활 지도를 위한 입대 전 생활기록

구분	항목	내용	상태	사유	
학교생활	학력	대학원 과 학년 학기	졸업, 재학, 중퇴	사유	
		대학 과 학년 학기	졸업, 재학, 중퇴		
		OO고등학교 3학년 2학기	졸업, 재학, 중퇴		
		OO중학교 3학년 2학기	졸업, 재학, 중퇴		
		OO초등학교 6학년 2학기	졸업, 재학, 중퇴		
	전공, 동아리, 취미활동	중학교			
		고등학교			
		대학교			

구분	항목					
개인특성	성격 및 특성	내향적, 외향적, 사교적, 독선적 특이사항:				
	생활 태도	낙제, 정학, 퇴학, 장기결석 (일)				
	신체조건	신 장	체 중	혈액형	입 원 치 료 기 록	
					병 명	기 간
		168 cm	80kg	B		
		신체 등위	시 력			
		3급	1.5	1.5		
	심신장애사항	정신질환, 간질, 야뇨, 관절염, 치질, 성병, 야맹, 평발				
	취미	독서, 음악감상	특기		기호	소주(2홉), 담배(갑) 기타 :
	종교	종파: 불교 신앙정도: 중 특이사항: 군입대 후 신앙생활			가출사례	
	처벌	장소(소년원, 교도소), 기간 : 내용:				

전쟁이 있어났을 때 병을 진군시키는 방법은 다음과 같다. 간부는 엄동설한에 혼자만 외투를 걸치지 않고, 무더위에도 혼자만 부채를 들지 않으며, 비가 와도 혼자만 우산을 쓰지 않는 것이다. 전투에서 최선두에 서고, 잠자리엔 맨 나중에 들며, 병(兵)이 식사하는 것을 보고 제일 늦게 식사를 하고, 병(兵)의 방이 더워진 다음에 간부의 방을 덥게 하는 것이다.

진(秦)나라의 「태공여상(太公呂尙)」 중에서

<table>
<tr><td rowspan="4">자격증</td><td colspan="2">종 류</td><td colspan="2">취 득 일</td><td colspan="2">종 류</td><td>취득일</td></tr>
<tr><td colspan="2"></td><td></td><td></td><td colspan="2"></td><td></td></tr>
<tr><td colspan="2"></td><td></td><td></td><td colspan="2"></td><td></td></tr>
<tr><td colspan="2"></td><td></td><td></td><td colspan="2"></td><td></td></tr>
<tr><td rowspan="9">사회경력
(직장,
동아리,
활동 등)</td><td rowspan="3">근 무 지</td><td rowspan="3">기 간</td><td rowspan="3">직 책</td><td colspan="4">직장, 동료, 선 · 후배</td></tr>
<tr><td rowspan="2">성 명</td><td colspan="2">연 락 처</td><td rowspan="2">관 계</td></tr>
<tr><td>핸드폰</td><td>E-mail</td></tr>
<tr><td></td><td></td><td></td><td></td><td></td><td></td><td></td></tr>
<tr><td></td><td></td><td></td><td></td><td></td><td></td><td></td></tr>
<tr><td></td><td></td><td></td><td></td><td></td><td></td><td></td></tr>
<tr><td></td><td></td><td></td><td></td><td></td><td></td><td></td></tr>
<tr><td></td><td></td><td></td><td></td><td></td><td></td><td></td></tr>
<tr><td></td><td></td><td></td><td></td><td></td><td></td><td></td></tr>
<tr><td>전역 후
하고
싶은 일</td><td colspan="7">특별한 소원은 없지만 주변사람들에게 인정받고 살고 싶다.</td></tr>
<tr><td colspan="8">예부터 훌륭한 간부는 자기 자식을 기르듯 병사를 관리했다. 병사의 어려운 일이 있으면 간부가 앞장서서 도와주고, 공로를 세우면 부하를 앞세우며, 병사가 죽으면 이를 애석해하여 엄숙히 장례를 치르고… 간부가 그렇게만 한다면 그 부대는 가는 곳마다 승리할 것이다.

촉한(蜀漢)의 「제갈량(諸葛亮)」의 심서(心書)</td></tr>
</table>

다) 생활지도를 위한 입대 후 병영생활기록

분야		신병교육기간	1 년 차	2 년 차
일상생활	성 격	내성적인 성격으로 부대에서 생활하는 것이 답답함		
	건 강	수면장애, 악몽, 환각 등 호소함	신경안정제 복용중	
	가 정	부친 장애인협회장, 모친 장애6급 친부는 술 마시고 모친을 폭행한 이후 헤어져 현재까지 얼굴을 한 번도 안 봄	변동 없음 누나가 초등학교 교사에 합격함 현재 계부와의 사이에는 자녀는 없음	
	여자(친구)			
	금 전	통장 3만원 보관	통장 5만원 보관	
기타사항	면회			
	외출외박			
	휴가			
	서신왕래	없음		
상 벌		입대 전 교통사고로 고등학생을 사망하게 한 이후 환각에 시달림(합의로 처벌은 면함)		
작성관(직책, 계급, 성명,군번, H/P번호)		중사 이철우	소위 권대훈	

병자호란 때 남한산성 수비장군이었던 이시백 장군은 “싸우는 군사들은 솜옷도 입지 못하고 추위에 떨고 있는데, 대장의 자리에 앉은 자가 어찌 혼자 따뜻한 가죽옷을 입을 수 있겠습니까?”라며 인조대왕이 하사한 따뜻한 월동용 가죽옷을 마다하고 평복을 입고 성루에서 병사들과 함께 기거하였다

조선시대 이시백(李時白) 장군

라) 입대 후 복무기록

※ 각급 부대는 병사들이 입대 후, 신병교육, 자대 전입으로부터 보직, 진급, 각종 상벌사항 등과 군 복무기간 동안 경험하게 되는 다양한 훈련, 경연대회, 검열, 평가 등을 6하 원칙에 의거 상세히 기록하여 유지한다.

연 월 일	주 요 복 무 내 용	기록/서명
16. 0. 0	· 친부는 술을 많이 마신 후 엄마를 폭행하였으며 이로 인하여 행정이가 8세 때 결국 이혼함 / 이 후 친부는 한 번도 못 만났으며 이때부터 피해의식과 지나치게 내성적인 성격을 보임 · 현재 부친은 계부이며 행정이가 중1 때 재혼하였으며 현재 강애인복지관 원장으로 일하고 있음 · 모친은 장애 6급이며 오른팔 장애로 평생 직업을 가져본 적이 없으며 현재 누나는 계부의 딸임(초등학교 교사) · 입대 전 배달하다 교통사고로 고등학생을 사망하게 함 (5천만원에 합의하여 처벌은 면함) · 사고 이후 수면장애, 악몽, 환각 등이 발생함	중사 이철우
16. 0. 0	· 내성적인 성격으로 부대생활의 어려움 호소 · 계부에 대한 죄책감과 죄송함 · 자책감과 열등감을 보임 · 수면장애, 악몽, 환각 등을 호소함	대위 안중근
16. 0. 0	군 생활간 부대원과들과의 관계의 어려움을 호소하고 있으며 내성적인 성격을 이해해 주지 않는다고 함.	소위 권대훈
16. 0. 0	계부에 대하여 효도하고 싶은데 군 생활조차 잘 하지 못해서 더욱 죄송스럽다. 나의 삶은 실패의 연속이었다고 자책함	원사 이원사

간부가 병사를 어린아이처럼 여겨 정성으로 돌보면 병사들은 아무리 깊은 계곡(溪谷)으로 충정할지라도 간부를 따를 것이며, 병사를 사랑하는 친자식처럼 귀하게 여기면 사지(死地)라도 간부를 따라갈 것이다.

손자(孫子)의 지형편(地形篇)

나. 요구사항

귀관은 상담관으로서 이병 이행정이 가지고 있는 문제를 확인하고 도와주기 위해 상담계획을 작성하고 상담실시 후 이병 이의무의 문제해결을 위한 조치를 하시오.

※ 실습진행 요령

① 군 인성검사 해석 자료, 전임자로부터 받은 최근의 생활태도 등을 바탕으로 상담계획을 작성한다.
② 이행정 이병의 심리상태를 알아보기 위한 핵심적인 질문내용과 전체적으로 상담을 진행하고자 하는 내용을 작성한다.
③ 대화 내용을 작성하여 상담에 임하고 의자배치로부터 효과적인 상담실시를 위한 상담 기술을 적용하여 상담을 이끌어 나가고, 사후 조치까지 작성 및 토의/ 발표한다.
④ 발표 후 상호 느낀 점을 나눈다.

1) 분석 · 종합

1. 내담자를 위한 필요한 도구는 빠짐없이 준비하였는가?

2. 내담자의 인적사항

3. 내담자가 보는 자신의 문제는 무엇인가?

4. 이 문제는 언제 시작되었고, 어떻게 발전되었나?

5. 가족의 사회경제적 환경과 심리적 환경

6. 개인의 신체적 특성과 성격

7. 개인의 성장과 발육, 교육적 배경

8. 현재의 생활 상태(학업, 친구, 가정, 이성, 부대원, 동료 간의 관계)

2) 상담준비

1. 상담 장소를 선정하시오.(글로 쓰고 말로 직접 설명)

2. 상담의 분위기 조성을 위해 귀관이 하고 싶은 것은?(글로 쓰고 말로 설명)

3. 내담자의 심리적 안정을 주기 위해서 귀관은 어떤 준비를 할 것인지?
(글로 쓰고 말로 설명)

4. 상담을 위한 좌석배치는 어떻게 할 것인지 직접 의자를 배치하시오.

3) 상 담

상담자	잘 지냈는지 모르겠네, 잘 지냈어?
이 이병	(침묵10초) 뭐, 그냥 그럭저럭 지냈습니다. 저는 뭐, 항상 똑같습니다. 달라지는 것도 없고, 항상 똑같습니다.
상담자	그랬구나, 지금 기분은 좀 어떤데?
이 이병	기분도 항상 똑같습니다. 별로 좋지 않습니다. 뭐, 달라질 것도 없고… 그냥 하루하루 시간 보내고 있습니다. 너무 똑같습니다. 사람들도 똑같고, 기분도 똑같고 그렇습니다.
상담자	뭔가 달라지길 원하는구나?
이 이병	(침묵 20초) 달라지길 원해도 군대에서는 어렵지 않습니까? 저 같은 경우에는 부대 사람들하고 잘 지냈으면 좋겠는데 그렇게 되기 어려울 것 같습니다. 사람 사귀는 일이 이렇게 어려운 건지 몰랐습니다.
상담자	뭐가 가장 어렵다고 느껴지는지 말해줄 수 있을까?
이 이병	(잠시 침묵) 제가 좀 성격이… 내성적인 편이라서 사람 사귀는 일이 어렵습니다. 처음부터 막 이야기하고, 웃고, 친해지기가 어렵습니다. 소대장님과도 여러 번 만나니까 편한 느낌을 갖게 되었지 처음에는 어려웠습니다. 성격이 내성적이라서…. 그런데 군대라는 곳이 한 번 그렇게 인식되니까 끝까지 그런 줄 압니다. 아마 저는 전역할 때까지 그럴 겁니다.
상담자	생활관에서 인식이 어떤데?
이 이병	어떻겠습니까. 관심병사니까 쟤 적응 못하는 애, 후임들도 적응 못하는 선임 정도로만 생각합니다. 제 말을 듣지 않습니다. 제 맞선임 말은 잘 듣고 시키는 것도 잘 하는데 제가 말하면 그냥 무시하는 것 같습니다. 선임 말은 잘 듣고, 제가 뭐 말하면 그냥 무시합니다. 화도 나도 짜증도 나는데 저는 말도 못합니다. 뭐라고 말이라도 하고 싶은데 '이거 말해서 뭐하나. 그냥 말자' 하는 생각이 더 많이 들고…. 그래서 그만둡니다. 그러니까 계속 혼자인 것 같고 외톨이 같습니다. 어차피 저는 계속 실수할 텐데.
상담자	평소에 속 이야기를 할 수 있는 사람은 있니?
이 이병	별로 없습니다. 멘토로 지정된 분대장님이 하루에 두 번씩 식사 후나 개인정비에 이야기하는데 얘기하는 것이 다 중대장님이나 보급관님한테 보고하기 위한 것이라고 생각하니까 별로 말하고 싶지 않습니다. 말한다 해도 달라질 것도 없고.. 다른 사람들은 그냥 투명인간 취급하는 것 같습니다. 들어오거나 나가도 뭐라고 하지 않고, 청소 시간에 청소를 시키지도 않습니다. 있으

	나 마나… 아마 없어져도 모를 겁니다.
상담자	그럼 직접 먼저 나서서 청소 같은 것을 해 봐도 괜찮을 것 같은데.. 어떻게 생각해?
이 이병	네, 직접 해보기도 했는데, 그래도 마찬가지입니다. 하던 하지 않던 그냥 투명인간 취급합니다. 한 번 관심병사로 찍히면 그걸로 끝입니다. 아무리 잘하려고 해도 또 한 번 실수하면 그 동안 열심히 한 게 다 없어지는 것 같습니다. 그래서 지금은 아예 포기했습니다. 청소 시간이 되어도 그냥 가만히 있습니다. 뭐라고 하는 사람도 없고….
상담자	너무 쉽게 포기했다는 생각이 들지는 않니?
이 이병	(잠시 침묵) 그럴지도 모르지만.. 저는 성격상 그런 것이 어려운 것 같습니다. 입대 전에도 친구가 별로 없었고, 집에서도 청소 같은 거 별로 안 해 봐서… 실은 어떻게 어디서부터 해야 하는지 잘 모르겠습니다. 시키는 것만 하고 가만히 있을 수도 없고 알아서 해야 하는데…. 그렇다고 어떻게 해야 하는지 물어보는 것도 어렵고… 그러다 보니까 자연스럽게 일 못하고 어리바리한 애라고 인식된 것 같습니다.
상담자	그랬구나. 너는 나름대로 참 노력하는 것 같은데…. 그렇지? 노력하는 만큼 결과가 좋지 않으니까 참 속상하단 말이지, 너의 그런 모습들을 있는 그대로 봐 줄 수 있는 사람이 있었으면 좋을 텐데.
이 이병	사람들은 외적인 모습으로만 판단하고 너무 쉽게 결정해 버리는 것 같습니다. 특히 군대는요. 저같이 내성적인 사람들도 군 생활을 잘할 수 있도록 도와줘야 한다고 생각합니다.
상담자	음, 그래 나도 네 말에 동의해. 그래서 많이 힘들었구나. 그런데 지금 말하는 것 들어보니까 지난 번 말했을 때보다 조금 더 심각해진 것 같다는 느낌이 드는데?
이 이병	네, 그렇습니다. 점점 심해질 수밖에 없습니다. 계속 우울한 기분이 듭니다. 제가 할 수 있는 일이 있었으면 좋겠습니다. 지금 중대에서 하는 일이 아무것도 없습니다. 아직 보직이 정해지지 않아서…. 제가 원래는 PX병이나 회관 관리병 같은 것을 하고 싶다고 말씀드렸는데 자리가 없다고 하셔서…. 소대장님은 일단 생활관에서 쉬고 있으라고 말하는데 저한테는 쉬는 것이 더 어렵습니다. 다들 땀 흘리면서 작업 갔다 오는데 저는 땀 하나도 없이 그대로 생활관에 있으니까 너무 미안한 마음이 많이 들고…. 그러면 저는 생활관에서 밖으로 나옵니다. 그래서 밖에서 멍하니 있다가 2, 30분 지나면 들어

가고, 그러다 보면 또 밥 먹으러 가는데 아무 일도 안 하고 밥만 먹는 것 같아서 밥 먹으러 가기도 싫습니다. 혼자 밥 먹을 수도 없고…. 멘토 분대장님이 항상 따라 다니니까. 저 때문에 개인 정비도 잘 못하고…. 저는 정말 잘하고 싶은데 지금 부대에서는 인식이 관심병사로 박혀버려서 어렵습니다. 다시 한 번 기회가 있으면 좋겠는데…. 부대원들도 간부님들이 보기에 저는 그냥 관심병사입니다. 전역할 때까지 관심병사일 겁니다. 차라리 부대를 옮길 수 있었으면 좋겠습니다. 부대를 옮길 수 있는 방법은 없는지….

상담자 부대 옮기는 문제에 대해서는 중대장님하고 이야기해 봤어?

이 이병 네. 이야기했습니다. 그런데 조금만 견뎌 보자고 말했습니다. 지금 중대에서 하는 일도 없고, 터치하는 일도 없으니 그냥 조금만 견뎌 보자고 했습니다. 그러다가 정말 힘들면 대대장님께 보고하고 조치해 보겠다고 말했는데 뭐, 별다른 조치는 없습니다. 그냥 그렇게 시간만 가고 있는 게 아닌가 생각이 드니까.. 답답하기만 합니다. 부대를 옮기더라도 일병이 되기 전에 옮겨야 할 텐데….

상담자 일병이 되기 전에?

이 이병 그래도 이등병 때 가야 괜찮지 일병 때 가면 정말 무슨 사고쳤구나 사람들이 생각할까 봐 그렇습니다. 그럼 정말 꼬일 것 같습니다.

상담자 그래도 군 생활을 잘 하고 싶은 마음은 변함이 없네?

이 이병 네. 군 생활 잘하고 싶습니다. 지난번에도 말씀드린 것처럼 아버지께 죄송해서라도 저는 열심히 해야 합니다. 그런데 쉽지 않습니다. 어제도 아버지하고 통화했는데… 열심히 하라고만 하셨는데 눈물이 났습니다. 그냥 열심히 하라고만 하셨는데.(눈물) 새아버지는 저에게 정말 잘해 주셨는데 저는 아버지에게 너무 잘못해서 죄송하기만 합니다. 돈 5천만원이 쉽게 구할 수 있는 돈도 아니고 누나도 결혼 못하게 하고… 제가 우리 집에 있는 것이… 피해만 주는 것 같습니다.. 전역한다 해도 저는 당장 돈을 벌 수 없으니까 아버지에게 손 벌려야 하고…. 참, 왜 이렇게 힘들게만 사는 것인지 모르겠습니다. 지금 너무 복잡하게 꼬였습니다. 이걸 풀 수 있을지 모르겠습니다. 예전부터 하는 일마다 실패하고, 잘 안 되는 경우가 많았습니다.

상담자 그래 이해가 된다. 얼마나 힘드니. 네 얘기를 들으니까 나도 마음이 아프다.

이 이병 (침묵 20초) 그런데 그렇게 이야기해 주는 사람이 없습니다. 부대에서 이야기를 해도 모두 보고하기 위한 것이라는 생각이 많이 드니까 그냥 얘기하고 싶지 않습니다. 뭐, 얘기한다고 해서 풀어지는 것도 아니고 해결되는 것도 아

	니고… 지금 너무 꼬여버렸습니다. 풀 수 있기는 한 건지… 그냥 똑같습니다.
상담자	날 이해해 주는 사람이 없다는 것은 정말 슬픈 일이지. 네가 얼마나 힘든지 조금이지만 이해할 수 있을 것 같다.
이 이병	감사합니다.
상담자	부대원들하고는 처음부터 안 좋았니?
이 이병	처음에는 그렇지 않았던 것 같습니다. 훈련소 때도 힘들었지만 자대 배치 받았을 때, 그래 한 번 열심히 해보자고 생각도 했었습니다. 그런데 막상 자대 생활 시작하니까 생각했던 것과 많이 달랐습니다. 내성적인 성격 때문인지 선임들도 어렵고, 간부님들도 어려우니까… 긴장한 표정으로 있었는데 그게 우울한 표정으로 생각되었는지… 어느 순간 관심병사처럼 되었습니다. 그때부터 부대원들이 저를 보는 눈이 이상했습니다. 계속 중대장님 면담하고 보급관님 면담하고 하니까… 맞선임도 처음에는 잘해주고, 계속 가르쳐주려고 했던 것 같은데 그 이후로 저에게 말도 별로 걸지 않고, 잘못해도 크게 뭐라고 하지도 않고…. 차라리 그냥 뭐라고 했으면 좋겠습니다. 쟤 관심병사니까 터치하지 마라 뭐 이런 얘기 한 것 같은데… 그냥 사람들이 다 나를 지켜보고 있다는 생각만 들고, 그냥 사람들하고 같이 있는 게 싫습니다. 투명인간 취급당하고… 오늘은 얼마나 우울한지 평가하는 것 같은 느낌이니까… 혹시 쟤 자살하지 않을까 감시받는 느낌이고.. 자살할 생각은 누구나 하지 않습니까. 그럴 생각은 누구나 하는데, 그런 뜻으로 한 번 말했는데 자살우려자라고 그래서…. 그런 게 정말 싫습니다. (침묵 20초) 그 말이 이렇게 크게 될 줄 몰랐습니다. 군대에서 한 번 박힌 인상이 변한다는 것이 불가능한 것 같습니다. 그러니까 저는 계속 우울하기만 하고 의욕이 생기지 않습니다. 그냥 다시 돌이킬 수 있으면 좋을 텐데…. 그런 건 말도 안 되는 거니까 차라리 부대를 옮기면 어떨까 하는 생각이 많습니다. 정말 다시 시작하고 싶습니다.
상담자	행정이 이야기를 들어보니까 다른 사람을 많이 의식하는 것 같은데.. 다른 사람이 나를 어떻게 생각할까? 평소에 이런 생각 많이 하니?
이 이병	(잠시 생각) 네, 좀 그런 것 같습니다. 그런데 그건 누구나 다 마찬가지 아닙니까? 어쨌든 주변 사람들에게 잘 보여야 되고…. 욕먹는 거 좋아하는 사람이 어디에 있겠습니까.
상담자	칭찬 받는 것 참 좋지. 가장 기억에 남는 칭찬 받은 일이 있을까?
이 이병	별로 칭찬 받은 기억이 없습니다. 칭찬 받을 만한 일을 한 일이 별로 없는 것 같습니다. 2년 전인가 누나가 임용고시에 합격해서 초등교사가 되었는데 아

	버지가 정말 좋아하셨습니다. 아버지가 누나를 많이 칭찬하셨는데 저는 그게 이상하게 듣기 싫었습니다. 그날 우리 가족 모두 외식하고 노래방에서 노래도 불렀는데…. 저는 사고만 치고 군 생활도 못하고… 중대장님이 아버지한테 전화했다고 했는데 얼마나 실망하셨을까 생각하면 너무 죄송합니다. 어떻게 해야 만회할 수 있을지…. 누나하고 비교하면 저는 완전 쓰레기 같습니다.
상담자	그런 생각이 자주 드니?
이 이병	거의 매 순간 듭니다. 군대 오기 전에도 그랬는데 지금도 마찬가지입니다. 달라질 것도 없고, 그냥 저는 그대로인 것 같습니다.
상담자	그래, 그런 느낌 이해한다. 참 내가 부족하다거나 못났다고 느껴질 때가 있지. 그러면 정말 괴로워. 다른 사람이 나를 칭찬해 줬으면 좋겠는데…. 그런데 내가 보기에 행정이는 힘든 상황 속에서도 그래도 지금까지 이렇게 견디고 있는 걸 보면 참 대단한 것 같은데? 이게 쉬운 일이 아니거든. 사람들이 얼마나 쉽게 포기하는데…. 힘들지만 그래도 참고 견디는 것이 행정이의 재능이 아닐까? 아무튼 박수라도 쳐 주고 싶구나.
이 이병	소대장님이시니까 그런 말씀 하시는 겁니다.
상담자	아니야. 정말이야. 행정이의 인내력을 칭찬해 주고 싶어.
이 이병	(침묵 30초) 감사합니다.
상담자	내가 생각하기에 행정이는 스스로를 너무 과소평가하고 있다는 생각이 드는데… 어떻게 생각해?
이 이병	(침묵 50초)
상담자	다른 사람이 나를 칭찬하기를 바라기 전에 내가 먼저 나를 칭찬해 보는 것은 어떨까? 예를 들어, '오늘 나는 그래도 잘 견뎠다.'라든지, 아니면 '그래도 오늘 다섯 번이나 웃었잖아!'라든지. 칭찬은 뭔가 큰 것을 했을 때 받는 것이라기보다는 작은 것을 했을 때도 충분히 받을 수 있는 거라고 생각하는데….
이 이병	모르겠습니다. 제가 뭔가를 잘 한다면 이렇게까지 안 되었을 겁니다. 저는 지금까지 하는 것마다 실패한 것 같습니다.
상담자	그래. 많이 혼란스러울 거야. 어쨌든 행정이는 군 생활을 잘 하려는 마음이 있는 거니까. 천천히 생각해도 늦지 않을 거야.
이 이병	저도 그렇게 생각하고 싶지만… 여기 부대에서는 너무 어려울 것 같습니다. 빨리 부대를 옮기고 싶습니다. 그래서 아버지 보란 듯이 군 생활 잘하는 모습을 보여드리고 싶습니다.
상담자	맞아. 지금 행정이에 대한 인식이 너무 좋지 않으니까… 그럴 수 있을 거야.

이 이병	(침묵)
상담자	사람은 누구나 실수하기 마련이야. 네가 새로운 부대에 간다 해도 마찬가지고.. 내가 생각하기엔 네가 자신을 먼저 칭찬하고, 위로하기 전에는 새로운 부대에 가도 별로 달라질 게 없을 거라는 생각이 드는데 넌 어떻게 생각해?
이 이병	(침묵 30초) 네. 맞습니다. 소대장님 말씀이 맞습니다. 그런데 그게 잘 되지 않으니까 힘든 것 같습니다. 저는 아무리 생각해도 저에게서 칭찬받을 만한 것을 찾을 수 없습니다. 집에서도 사고만 쳤고, 아버지 합의금 5천만원도 죄송하고… 누나 결혼도 나 때문에 못하고…. (침묵 10초) 군 생활도 못하고… 겉으로는 웃고 있지만 실은 아버지도 저를 못마땅하게 생각하시는 부분도 많을 거라고 생각합니다. 아들이니까… 책임져야 하니까….
상담자	너무 못하는 부분만 말하는 거 아닐까?
이 이병	그런데 그게 다입니다.
상담자	숙제를 내 줘야겠구나. 다음 만날 때까지 행정이의 칭찬받을 만한 점을 좀 생각해 왔으며 좋겠는데… 할 수 있겠니?
이 이병	(침묵 20초) 네, 찾을 수 있을지 모르겠습니다. 그런데 소대장님, 이렇게 하는 것이 어떤 도움이 되겠습니까? 그냥 답답할 뿐입니다.
상담자	적어도 문제의 이유는 찾아볼 수 있겠지. 당장 부대를 옮기는 것보다 중요한 것은 스스로 자신이 얼마나 소중한 존재인지를 깨닫는 것이 중요할 테니까.
이 이병	알겠습니다.
상담자	다음 주에 다시 만나서 이야기해 보자. 물론 언제든지 상담신청해도 되니까 말하고.
이 이병	감사합니다.
상담자	같이 나가자.

4) 진 단

1. 상담자가 볼 때 내담자의 문제는 무엇인가?

2. 문제의 원인은 무엇인가?

3. 차후 내담자는 어떻게 될 것(행동) 같은가?

4. 내담자에 대한 추후 지도계획은?

참고문헌

국방부(1985), 부하를 지도하는 길

국방부(2002), 인성교육 병사용 프로그램

김계현(2002), 카운슬링의 실제, 학지사

김계현(1996), 상담심리학, 학지사

김완일(2004), 효과적인 군상담 기법, 교육사

김완일(2006), 군상담의 이론과 실제, 교육사

김충기(1997), 생활지도와 상담, 교육과학사

류명수(2004), 육군 인성검사 현황 및 발전방안, 교육사

민경배(2006), 육군 인성검사 체계개선 및 신도구 개발방안, 교육사

박기영(2000), 군상담과 조직 리더십, 국방대학교

박성희 · 이동열(2003), 상담의 실제, 학지사

신응섭 공저(2005), 심리학 개론, 박영사

육군교육사(2004), 상담기법 학교교육 강화방안

육군교육사(2006), 육군 인성검사 발전세미나 자료집

육군리더쉽센터(2007), 상담기법

육군보병학교(2004), 올바른 상담방법

육군본부(2004), 야전교범6-0-1 지휘통솔

육군본부(2004), 야전교범1-0-1 병영생활

육군종합행정학교(2004), 상담기법

이장호(1997), 상담면접의 기초, 중앙적성연구소

이장호(2005), 상담심리학, 박영사

이장호 · 최윤미(2006), 상담사례 연구집, 박영사

이종인 · 오점록(1999), 한국군 리더십, 박영사

이형득 편저(1994), 상담이론, 교육과학사

제3야전군사령부(2004), 지휘상담 어떻게 할 것인가?
조승옥 공저(1995), 군대윤리, 경희종합출판사
한승호 · 한성열 공역(1998), 카운슬링의 이론과 실제, 학지사
손영철(2009), 군상담 이렇게 합시다, 시그마프레스
육군종합행정학교(2015), 상담사례집, 육군본부
서선우, 유복남(2015), 초급간부를 위한 군 상담의 이론과 실제, 진영사
이흥진 등 7명 공저(2015), 청소년인성교육 총론
박주용 외(2023), 심리학개론

저자약력

김정기

육군사관학교 졸업

연세대 정치학 석사

경남대 정치학 박사

현 연성대학교 교수(국방군사학과장)

현 한국군사학회 이사

남기봉

육군사관학교 졸업

경남대 행정대학원 석사

육군 대령 예편

전 연성대학교 교수

정재극

전 육군 감찰장교 및 민원실장

건국대학교 행정학 석사

한남대학교 법학 박사

전 수성대학교 교수(입학홍보처장)

현 연성대학교 교수(경찰경호보안과장)